蜜蜂产业 从业指南 丛书

蜜蜂饲养技术与机具

◎房 宇 李建科 主编

饲养技术的百宝箱 养蜂机具的展示

中国农业科学技术出版社

图书在版编目(CIP)数据

蜜蜂饲养技术与机具 / 房宇，李建科主编．—北京：中国
农业科学技术出版社，2014.1
（蜜蜂产业从业指南）
ISBN 978 - 7 - 5116 - 1450 - 6

Ⅰ.①蜜…　Ⅱ.①房…②李…　Ⅲ.①蜜蜂饲养 - 饲养管理
②蜂具　Ⅳ.①S894

中国版本图书馆 CIP 数据核字（2013）第 278832 号

责任编辑	闫庆健　李冠桥
责任校对	贾晓红

出 版 者	中国农业科学技术出版社
	北京市中关村南大街 12 号　邮编：100081
电　　话	(010)82106632(编辑室)　(010)82109704(发行部)
	(010)82109709(读者服务部)
传　　真	(010)82106625
网　　址	http://www.castp.cn
经 销 者	各地新华书店
印 刷 者	北京华正印刷有限公司
开　　本	710mm×1 000mm　1/16
印　　张	11.25
字　　数	200 千字
版　　次	2014 年 1 月第 1 版　2015 年 3 月第 3 次印刷
定　　价	20.00 元

《蜜蜂产业从业指南》丛书
编 委 会

《蜜蜂饲养技术与机具》
编 委 会

主　　编：房　宇　李建科

副 主 编：李海燕　冯　毛

参编人员：（按姓氏笔画排序）

　　　　　冯　毛　刘世丽　李建科

　　　　　李海燕　房　宇

《蜜蜂产业从业指南》丛书
总　序

  我国是世界第一养蜂大国，也是最早饲养蜜蜂和食用蜂产品的国家之一，具有疆域辽阔，地形多样等特点。我国蜜源植物种类繁多，总面积超过3 000万公顷，一年四季均有植物开花，蜂业巨大潜力待挖掘。作为业界影响力大、权威性强的行业刊物，《中国蜂业》杂志收到大量读者来函来电，热切期望帮助他们推荐一套系统、完善、全面指导他们发展蜂业的丛书。这当中既有养蜂人，也有苦于入行无门的"门外汉"，然而，在如此旺盛的需求背后，市场却难觅此类指导性丛书。在《中国蜂业》喜迎创刊80周年之际，杂志社与中国农业科学技术出版社一起策划出版了这套《蜜蜂产业从业指南》丛书。

  丛书依托中国农业科学院蜜蜂研究所及《中国蜂业》杂志社的人才和科研资源，在业内专家指导、建议下选定了与读者关系密切的饲养技术、蜂病防治、授粉、蜂产品加工、蜂业维权、蜜蜂经济、蜂疗、蜂文化、小经验九个重点方向。丛书联合了各领域知名专家或学科带头人，他们既有深厚的专业背景，又有一线实战经验，更可贵的是他们那份竭尽心力的精神和化繁为简的能力，让本丛书具有较高的权威性、科学性和可读性。

  《蜜蜂产业从业指南》丛书的问世，填补了该领域系统性丛书的空白。具有如下特点：一是强调专业针对性，每本书针对一个专业方向、一个技术问题或一个产品领域，主题明确，适应读者的需要；二是强调内容适用性，丛书在编写过程中避免了过多的理论叙述，注重实用、易懂、可操作，文字简练，有助掌握；三是强调知识先进性，丛书中所涉及的技术、工艺和设备都是近年来在实践中得到应用并证明有良好收效的较新资料，杜绝平庸的长篇叙述，突出创新和简便。

我们相信，这套丛书的出版，不仅为广大蜂业爱好者提供了入门教材，同时，也为蜂业工作者提供了一套必备的工具书，我们希望这套丛书成为社会全面、系统了解蜂业的参照，也成为业内外对话交流的基础。

我们自忖学有不足，见识有限，高山仰止，景行行止，恳请业内同仁及广大读者批评指正。

2013 年 10 月

前 言

我国是世界养蜂大国，从业人员约 30 万，养蜂数量和蜂产品产量多年来一直稳居世界首位。养蜂业是以人工饲养蜜蜂获得蜜蜂产物的农业生产部门，养蜂业是现代化大农业的一个有机组成部分，在我国的国民经济中占有较重要的地位。养蜂业的稳定发展对于促进农民增收、提高农作物产量和维护生态平衡作出了突出贡献。养蜂业不与种植业争土地和肥料，也不与养殖业争饲料，更不会污染环境，可以说是有百益而无一害的行业。

该书是集蜂业科研工作者研究成果和丰富经验于一体的科普学术著作。内容翔实，结构循序渐进，容易理解和接受，将蜂业科技的相关信息分层级的呈现在读者面前，传播了蜂业传统的科学知识，交流了蜂业科技信息，将会为培养新一代的养蜂业科技人才，提高养蜂业的整体水平贡献自己的一份力量。

《蜜蜂饲养技术与机具》是由中国农业科学院蜜蜂研究所蜜蜂饲养与生物技术研究室的科研骨干在总结本领域众多前辈和同行长期生产实践经验的基础上编写而成的。本书分为六章，由养蜂初学者的准备、蜜蜂良种的选育与培育、养蜂机具与设备、蜜蜂养殖的日常管理、蜜蜂养殖的四季管理、中蜂养殖技术介绍等组成。本书立足国内，放眼世界，力图将基本的与蜜蜂饲养技术相关信息栩栩如生地呈现在读者面前，本书具有广泛的适用性、可操作性和先进性，适合蜂业科技工作者阅读，也是蜂业爱好者的首选读物。

由于水平有限，书内疏漏、欠妥之处在所难免，恳请专家、读者不吝赐教。

编　者
2013 年 1 月

目　　录

第一章

养蜂初学者的准备

蜜蜂饲养管理一般技术是指在各种蜜蜂饲养方式下普遍应用的基础管理和基本技术，包括蜂场建设、蜂群基础管理、蜂群阶段管理、蜜蜂产品生产等。

蜂场建设

根据养蜂规模和对蜂场收入依赖的程度，蜂场可分为专业蜂场、副业蜂场和业余蜂场三种。专业蜂场是指企业的效益主要来源于养蜂收入的蜂场；副业蜂场是指主营其他业务，兼养蜂的蜂场；业余蜂场是指利用空闲时间管理的蜂场，养蜂者多出于对蜜蜂的兴趣和爱好而养蜂。蜂场规模不同，蜜蜂饲养的数量也不同。根据蜂场的主营项目，专业蜂场可分为生产蜂场、授粉蜂场、育王蜂场、笼蜂生产蜂场等。

蜂场建设包括养蜂场址选择、蜂场设施、蜂场布置和规划、蜂种确定、蜂群选购、蜂群放置等。蜂场建设程度均应依主营项目、养蜂规模和资金条件而定。

一、养蜂场址选择

养蜂场址的条件是否理想，直接影响养蜂生产的成败。选择养蜂固定的场地时，要从有利于蜂群发展和蜂产品的优质高产来考虑，同时也要兼顾养蜂人员的生活条件。必须通过现场认真的勘察和周密的调查，才能作出选场决定。由于选场时，仍可能对自然条件或其他问题考虑不周，如果定场过急，常会出现进退两难的局面。所以，在投入大量资金建场之前，一定要特别慎重，最好经 2~3 年的养蜂实践考验后，确定符合建场要求，方可进行基建。

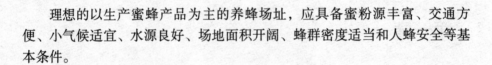

理想的以生产蜜蜂产品为主的养蜂场址，应具备蜜粉源丰富、交通方便、小气候适宜、水源良好、场地面积开阔、蜂群密度适当和人蜂安全等基本条件。

（一） 蜜粉源丰富

丰富的蜜粉源是养蜂生产最基本的条件。选择养蜂场址时，首先应考虑在蜜蜂的飞行范围内是否有充足的蜜粉源。在固定蜂场的 2.5 ~ 3.0km 范围内，全年至少要有一种以上高产且稳产的主要蜜源，以保证蜂场的稳定收入；在蜂群的活动季节还需要有多种花期交错连续不断的辅助蜜粉源，以保证蜂群的生存和发展，进行多种蜜蜂产品的生产。在考察蜜源时，应根据一定范围内的面积、蜜源密度测算蜜源的实际面积，再由蜂群对不同蜜源需要的数量，估计可容纳蜂群的数量。一群蜜蜂需要长势良好的蜜源，油菜、紫云黄、荞麦、苕子、云芥、苜蓿、三叶草等小花蜜源 0.27 ~ 0.40hm²，果树类蜜源 0.33 ~ 0.40hm²，瓜类作物蜜源 0.47 ~ 0.67hm²，向日葵、棉花等大花蜜源 0.67 ~ 1.0hm²。

（二） 蜂场交通条件

蜂场的交通条件与养蜂场生产和养蜂人生活都有密切关系。蜂群、养蜂机具设备、饲料糖、蜜蜂产品的运销以及蜂场职工和家属的生活物质的运输都需要比较理想的交通条件。一般情况下，交通方便的地方野生蜜粉资源往往也破坏严重。因此，以野生植物为主要蜜源的定地蜂场，在重点考虑蜜粉源条件的同时，还应兼顾蜂场的交通条件。

（三） 适宜小气候

放置蜂群场地周围的小气候，会直接影响蜜蜂的飞翔天数、日出勤时间的长短，采集蜜粉的飞行强度以及蜜粉源植物的泌蜜量。小气候主要受植被特点、土壤性质、地形地势和湖泊河流等因素的影响形成的。养蜂场地最好选择地势高燥，背风向阳的地方。如山腰或近山麓南向坡地上，背有高山屏障，南面一片开阔地，阳光充足，中间布满稀疏的高大林木。这样的蜂场场地春天可防寒风侵袭，盛夏可免遭烈日暴晒，并且凉风习习，也有利于蜂群的活动。

（四）水源良好

没有良好的水源的地方不宜建立蜂场。蜂场应建在有常年涓涓流水或有较充足水源的地方，且水体和水质良好，悬浮物、pH 值、溶解氧等水质指标应合格。

蜂场不能设在水库、湖泊、河流等大面积水域附近，蜂群也不宜放在水塘旁。因为在刮风的天气，蜜蜂采集归巢时容易在飞越水面时落入水中，处女王交尾也常常因此而损失。此外，还要注意蜂场周围不能有污染或有毒的水源。

（五）蜂群密度适当

蜂群密度过大对养蜂生产不利，不仅减少蜂蜜、蜂花粉、蜂胶等产品的产量，还易在邻场间发生偏集和病害传播。在蜜粉源枯竭期或流蜜期末容易在邻场间引起盗蜂。蜂群密度太小，又不能充分利用蜜源。在蜜粉源丰富的情况下，在半径0.5km 范围内蜂群数量不宜超过100 群。

养蜂场址的选择还应避免相邻蜂场的蜜蜂采集飞行的路线重叠。如果蜂场设在相邻蜂场和蜜源之间，也就是蜂场位于邻场蜜蜂的采集飞行路线上，在流蜜后期或流蜜期结束后易被盗；如果在蜂场和蜜源之间有其他蜂场，也就是本场蜜蜂采集飞行路线途径邻场，在流蜜期易发生采集蜂偏集邻场的现象。

（六）保证安全

蜂场的场址应能够保证养蜂人和蜜蜂的安全。建立蜂场之前，还应该先摸清危害人蜂的敌害情况，如大野兽、黄喉貂、胡蜂等，最好能避开有这些敌害的地方建场，或者采取必要的防护措施。对可能发生山洪、泥石流、塌方等危险地点也不能建场，尤其是要调查所选场址在历史上是否发生过水灾或场址周边历史最高水位。山区建场还应该注意预防森林火灾，除应设防火路之外，厨房应与其他房舍隔离。北方山区建场，还应特别注意在大雪封山的季节仍能保证人员的进出。

养蜂场应远离铁路、厂矿、机关、学校、畜牧场等地方，因为蜜蜂性喜安静，如有烟雾、声响、震动等侵袭会使蜂群不得安居，并容易发生人畜被蜇事故。在香料厂、农药厂、化工厂以及化工农药仓库等环境污染严重的地方决不能设立蜂场。蜂场也不能设在糖厂、蜜饯厂附近，蜜蜂在缺乏蜜源的季节，就分飞到糖厂或蜜饯厂采集，不但影响工厂的生产，对蜜蜂也会造成很严重损失。

二、蜂场规划

蜂场的规划主要包括蜂场设施项目和规模的确定、场地的规划和布置。蜂场的规划应根据蜂场场地的大小、蜂场所处地点的气候特点、养蜂的规模、蜂场的经营形式、养蜂生产的类型等确定。例如，生产蜂场应设置专门的生产操作车间，观光示范蜂场应园林化布置且设立展示厅，兼营销和加工的蜂场应设立营业场所和蜂产品加工包装车间等。

（一）养蜂场设施

定地蜂场场址选定后，应本着勤俭办场的方针，根据地形、占地面积，生产规模等兴建房舍。蜂场建筑应按功能分区，合理配置。养蜂场设施包括养蜂建筑、生产车间、办公和活动场所、生活建筑、营业场所和展示厅等。

1. 养蜂建筑

养蜂建筑是放置蜂群的场所，主要包括养蜂室、越冬室、越冬暗室、遮阳蓬架、挡风屏障等。这些养蜂建筑并不是所有蜂场都必须的，可根据气候特点、养蜂方式和蜂场的需要有所选择。

养蜂室：养蜂室是饲养蜜蜂的房屋，也称为室内养蜂场。室内养蜂可避免黄喉貂、狗熊等敌害的侵袭；通过养蜂室的特殊构造和人工调节，蜜蜂巢温稳定，受外界气温变化的影响较小，有利于蜂群的生活和发展；开箱管理蜂群不受低温、风、雨等气候条件的限制，蜜蜂较温驯，有利于提高蜂群的管理效率；蜂箱受到保护，延长使用寿命，因可用较薄的板材制作蜂箱，可减少蜂箱成本。

养蜂室通常建在蜜源丰富、背风向阳、地势较高的场所。呈长方形，顺室内的墙壁排放蜂群，蜂箱的巢门通过通道穿过墙壁通向室外（图1-1）。

越冬室：越冬室是北方高寒地区蜂群的越冬场所。我国东北和西北的大部分地区冬季严寒，气温常在-20℃以下，甚至极温可达-40℃，很多养蜂者都习惯于蜂群室内越冬。北方蜂群在越冬室内的越冬效果，取决于越冬室的温度控制条件和蜂群管理水平。

北方越冬室的基本要求是隔热、防潮、黑暗、安静、通风、防鼠害。越冬室内的温湿度必须保持相对稳定，温度应恒定在0~2℃为宜。最高不能超过4℃；室内的相对湿度，应控制在75%～85%，湿度过高或过低对蜂群的安全越冬都不利。越冬室过于潮湿，易导致蜂蜜发酵，越冬蜂消化不良；越冬室过于干燥，越冬蜂群中贮蜜脱水结晶，造成越冬蜂饥饿。一般情况下，东北地区越冬室湿度偏高，应注意防潮湿；西北地区越冬室过于干燥，应采取增湿措施。

图1-1 养蜂室
（引自美国养蜂杂志，2000）

北方越冬室的类型很多，主要有地下越冬室、半地下越冬室、地上越冬室以及窑洞等。越冬室的类型可根据地下水位的高低选建。

地下越冬室比较节省材料，成本低，保温性能好，但是应解决防潮的问题。在水位3.5m以下可修建地下越冬室。地下越冬室可以是临时简便防潮地窖，也可以是永久性的地下建筑。

防潮地窖在窖壁的四周立起数根木杆，在木杆上钉木板或树皮，板墙与窖壁之间形成200mm的夹层，在夹层中填入碎干草或锯末。窖底垫上油毡或塑料薄膜，其上再铺上50～100mm的干沙土。

在地下水位较高的地区，越冬室应修建在地上。地上越冬室与一般的房屋所不同的是有两层墙，在两层墙之间保留500mm的空隙，空隙中填塞锯末、碎麦秆等保温材料。越冬室的保温主要依靠两墙壁间的保温物起作用，所以，墙壁不必太厚。房顶除了有防雨房盖之外，还必须有一个严密的二层棚。防雨盖与外墙相接，二层棚与内墙承接。二层棚上也堆积300～500mm锯末等保温物，并使两墙壁之间的保温物形成一个整体，提高保温效果。进气孔设在两侧墙壁，沿地平面伸入室内。出气孔均匀地分布在靠近二层棚的墙壁上，使空气从两个山墙的大百叶窗口流出。

在地下水位比较高而又寒冷的地区，建筑保温性较强的半地下越冬室比较合适。半地下越冬室的特点是一半在地下，一半在地上，地上部分基本与地上越冬室结构相同。地下部分要深入1.20m，根据土质情况还需打300～500mm的地基（图1-2）。

图1-2 半地下越冬室

（引自中国养蜂1981）

越冬暗室：越冬暗室是长江中下游地区蜂群越冬的理想场所，主要的功能是为越冬蜂群提供适当低温、黑暗、安静的越冬条件。瓦房和草房均可作为蜂群越冬暗室，要求室内宽敞、清洁、干燥、通风、隔热、黑暗。室内不能存放过农药等有毒的物质，并且室内应无异味。

蜂棚和遮阳蓬架蜂棚是一种单向排列养蜂的建筑物，多用于华北和黄河流域。蜂棚可用砖木搭建，三面砌墙以避风，一面开口向阳（图1-3）。蜂棚长根据蜂群数量而定，宽度多为1.3～1.5m，高为1.8～2.0m。

图1-3 蜂棚

（引自陈耀春等，1993）

　　南方气候较炎热，蜂场遮阳是必不可少的养蜂条件。遮阳棚架在排放蜂群地点固定支架，四面通风，顶棚用不透光的建筑材料（图1-4）或种植葡萄、西番莲、瓜类等绿色藤蔓植物（图1-5）。遮阳棚架的长度依排放的蜂群数量而定，顶棚宽度为2.5~3.0m，高度为1.9~2.2m。

图1-4　遮阳棚架

图1-5　植物遮阳棚架

（引自陈盛禄，2001）

　　挡风屏障北方平原蜂场无天然挡风屏障，冬季和春季的寒风影响蜂群的安全越冬和群势的恢复发展。因此，北方蜂场应在蜂群的西北方向设立挡风屏障，以抵御寒冷的北风对室外越冬和早春蜂群的侵袭。

　　挡风屏障设在蜂群的西侧和北侧两个方向，建筑挡风屏障的材料可因地制宜选用木板、砖石、土坯、夯土等（图1-6）。挡风屏障应牢固，尤其在风沙较大的地区，防止挡风墙倒塌。挡风屏障的高度为2.0~2.5m。

2. 生产车间

蜂场的生产车间主要包括蜂箱蜂具制作、蜜蜂产品生产、蜜蜂饲料配制、成品加工包装等场所。

图1-6　挡风屏障

（引自 Rodionov, 1986）

蜂箱蜂具制作室是蜂箱蜂具制作、修理和上巢础的操作房间。室内设有放置各类工具的橱柜，并备齐木工工具、钳工工具、上巢础工具以及养蜂操作管理工具等。蜂箱蜂具制作室必备稳重厚实的工作台。

蜜蜂产品生产操作间蜜蜂产品生产操作间分为取蜜车间、蜂王浆等产品生产操作间、榨蜡室等。

取蜜车间的规模依据蜂群数量、机械化和自动化程度而定。大型取蜜车间最好选建在斜坡地上，形成双层楼房，上层为取蜜室，下层为蜂蜜过滤与分装车间（图1-7）。上层取蜜室分离的蜂蜜在重力的作用下，通过不锈钢管道流到下层的车间过滤和分装。在寒冷地区还可在取蜜车间内分隔出暖气蜜脾温室（图1-8），取蜜车间主要设备包括切割蜜盖机、分蜜机、蜜蜡分离装置、贮蜜容器等。

蜂王浆生产操作间是移虫取浆操作的场所，要求明亮、无尘、温度和湿度适宜。室内设有清洁整齐的操作台和冷藏设备。操作台上放置产浆设备和工具，操作台的上方应布置光源，以方便在阴天等光线不足的情况下正常移虫。

榨蜡室是从旧巢脾提炼蜂蜡的场所，室内根据榨蜡设备的类型配备相应的辅助设备，墙壁和地面能够用水冲洗，地面设有排水沟。

图 1 - 7　建在斜坡地的取蜜车间
（引自 Winter，1980）

图 1 - 8　暖气蜜脾温室
（引自 Winter，1980）

　　蜜蜂饲料配制间是贮存和配制蜜蜂糖饲料和蛋白质饲料的场所。蜜蜂糖饲料配制场所需要加热设施和各类容器。蜜蜂蛋白质饲料配制场所需要配备操作台，粉碎机、搅拌器等设备。

　　成品加工包装车间蜜蜂产品加工和成品包装车间应符合卫生要求。根据不同产品的特性，安装相应的包装设备。

　　3. 库房

　　库房是贮存蜂机具、养蜂材料、蜜蜂产品的成品或半成品、交通工具等场所，不同功能的库房要求不同。

　　巢脾贮存室：巢脾贮存室要求密封，室内设巢脾架，墙壁下方安装一管道。管道一端通向室中心，另一端通向室外，并与鼓风机相连。在熏蒸巢脾时，鼓风机将燃烧硫黄的烟雾吹入室内。

　　蜂箱蜂具贮存室：蜂箱蜂具贮存室要求干燥通风，库房内蜂箱蜂具分类放置，设置存放蜂具的层架。蜂箱蜂具贮存室中存放的木制品较多，应防白蚁危害。

　　半成品贮存室、成品库和饲料贮存室：蜜蜂产品的半成品是指未经包装的蜂蜜、蜂王浆、蜂花粉等，成品是指经加工包装的蜜蜂产品。半成品和成品的贮存要求条件基本相同，均要求清洁、干燥、通风、防鼠。蜜蜂产品的成品与半成品应分别存放。

　　饲料贮存室是贮存饲料糖、蜂花粉及蜂花粉的代用品场所，少量的饲料

可贮存在蜜蜂饲料配制间，量多则需专门的库房存放。蜜蜂饲料贮存的条件要求与蜜蜂产品的贮存条件相同，也可与半成品同室分区贮存。

4. 营业和展示场所

营业场所是蜂场对外销售展示场所，是宣传企业、蜜蜂和蜜蜂产品的重要阵地，在蜂场建设中应给予重视。营业厅的装修和布置应清洁大方、宽敞明亮，并能体现蜜蜂的特色。也可在蜂场的顾客活动区设置展示台（图1-9）。

图1-9 产品展示

（引自美国养蜂杂志，2002）

5. 生活建筑

蜂场的生活建筑是蜂场员工生活所需要的房屋，包括员工宿舍、厨房食堂、卫生设施等。生活建筑的布局、设计、建造均应以方便、实用、健康、安全为原则。

（二）蜂场规划与布置

蜂场规划应根据场地的大小和地形地势合理地划分各功能区，并将养蜂生产作业区、蜜蜂产品加工包装区、办公区、营业展示区和生活区等各功能区分开，以免相互干扰。

1. 养蜂生产作业区

养蜂生产作业区包括放蜂场地、养蜂建筑、巢脾贮存室、蜂箱蜂具制作室、蜜蜂饲料配制间、蜜蜂产品生产操作间等。

放蜂场地可划分出饲养区和交尾区，放蜂场地应尽量远离人群和畜牧场。饲养区是蜜蜂群势恢复、增长和进行蜜蜂产品生产的场地。饲养区的蜜蜂，群势一般较强，场地应宽敞开阔。固定养蜂场址在饲养区的放蜂场地，可用砖石水泥砌一平台，其上放置一磅秤，磅秤上放一蜂群，作为蜂群进蜜量观察的示磅群（图 1－10）。交尾区的蜜蜂群势一般较弱，为了避免蜂王交配后在回巢时受到饲养区强群蜜蜂吸引错投，交尾区应与饲养区分开。交尾群需分散排列，因此，交尾区需要场地面积较大或地形地物较复杂丰富的地方。为方便蜜蜂采水，应在场上设立饲水设施。

图 1－10　示磅群

养蜂建筑、巢脾贮存室、蜂箱蜂具制作室、蜜蜂饲料配制间、蜜蜂产品生产操作间等均应建在饲养区，以便于蜜蜂饲养及生产操作。

2. 蜜蜂产品加工包装区

蜜蜂产品加工包装区主要是蜜蜂产品加工和包装车间，在总体规划时应一边与蜜蜂产品生产操作间相邻，另一边靠近成品库。

3. 办公区

办公区最好能安排在进入场区大门的中心位置，方便外来人员洽谈业务，减少外来人员出入养蜂生产作业区和蜜蜂产品加工包装区，避免影响生产。

4. 营业展示区

营业展示区主要为营业厅和展示厅，是对外销售、宣传的窗口，一般布置在场区的边缘或靠近场区的大门处。营业展示区紧靠街道，甚至营业厅的门可直接开在面向街道一侧，方便消费参观购买。营业厅和展示厅应相连，消费者在展示厅参观时产生购买欲后方便其及时购买。为保安全，营业展示区应与养蜂生产作业区、蜜蜂产品加工包装区严格隔离。

观光营销的蜂场，展示蜂群的场地也规划在此区域。展示蜂群的布置和场地道路以及环境美化均以安全、美观、为原则。

三、蜂群选购

建场伊始，从事养蜂生产首先要考虑的问题就是蜂群的来源，除了在野生中蜂资源丰富的南方山区建场可以诱引野生中蜂之外，多数养蜂场的建立都需要购买蜂群。选择的蜂种是否适宜、购蜂时间是否恰当以及购蜂群质量的好坏都会影响到建场的成败。

（一）蜂种选择和我国蜂种分布现状

1. 蜂种选择

蜂种没有绝对的良种，如果有一个绝对好的蜂种，其他蜂种将全被淘汰。现存在的各蜂种均有其优点，也有其不足。在选择蜂种前必须深入研究各蜂种的特性，并根据养蜂条件、饲养管理技术水平、养蜂目的等对蜂种作出选择。对于任何优良蜜蜂品种的评价，都应该从当地自然环境和现实的饲养管理条件出发。忽视实际条件而侈谈蜂种的经济性能是没有现实意义的。龚一飞等提出选择蜂种应从适应当地的自然条件、能适应现实的饲养管理条件、增殖能力强、经济性能好、容易饲养等几方面考虑。

所选择的蜂种必须适应当地的自然条件。自然条件包括气候、蜜粉源、病敌害等方面。针对气候因素，应考虑蜂种的越冬或越夏性能。在北方，由于冬季长，而且寒冷，所以，选择蜂种应着重考虑蜜蜂的群体抗寒能力；在南方，因为需要利用冬季蜜源，所以选择蜂种应着重考虑蜜蜂个体的耐寒能力。针对蜜粉源因素，应考虑不同蜂种对蜜粉源的要求和利用能力。针对蜜蜂病敌害的因素，则应考虑不同蜂种对当地主要病敌害的内在抵抗能力，以及人为的控制能力。

所选择的蜂种必须能适应现实的饲养管理条件。不同蜂种对适应副业或专业等养蜂经营方式、定地或转地饲养方式等养蜂生产方式，以及对蜜蜂饲养管理技术水平的要求均有所不同，对适应机械化操作程度也不一样。因此，所选择的蜂种，应考虑能否适应现有的饲养管理条件。

所选的蜂种应群势增长速度快、经济性能好。群势增长速度是蜜蜂良种的最重要特征之一，与蜂群的生产能力直接相关。群势增长速度是蜂王产卵力、工蜂育虫能力以及工蜂寿命等综合表现。群势增长速度快的蜂种，可以有效地采集长期而丰富的蜜粉源，对转地饲养、追花采蜜也极为有利。而养蜂的主要目的之一是要获取大量的蜂产品，所以，选择的蜂种在相应的饲养条件下，应具有较高的生产力。

适当考虑蜂种管理的难易问题。蜂群管理难易将直接影响劳动生产率的高低。如果蜜蜂的性情温驯，分蜂性和盗性弱，清巢性和认巢性强，则管理较为方便。

2. 我国蜂种分布现状

我国蜂种分布的大体情况是东北、内蒙古和新疆等北方地区，基本上以饲养西方蜜蜂为主；四川、重庆、云南、贵州、广东、广西壮族自治区、福建等南方地区基本上以饲养中蜂为主，其余广大的中部地区中、西蜂交错。这种现状是根据各地客观条件，在长期的生产实践中逐渐形成的。在西南和华南，西方蜜蜂由于越夏困难，对冬季蜜源也难以利用，所以不甚适宜；而中蜂土生土长，能适应当地的自然条件，所以，生产比较稳定。在东北、西北和华北，冬季严寒，且蜂群越冬时间长，由于西方蜜蜂中灰、黑色蜂种的群体耐寒性强，所以饲养情况良好。在中部地区，蜜粉源丰富的平川区域，意蜂优良的生产性能可以得到充分的发挥，因而多以意蜂为主；而在蜜粉源分散的山区，则一般适宜于饲养中蜂。近年来，由于西方蜜蜂的竞争、自然环境和社会环境的改变，中蜂的分布区呈萎缩态势。

（二）选购蜂群的最佳时期

购买蜂群的最佳时期在蜂群增长阶段的初期。在早春蜜粉源初花期，北方越冬的蜂群已充分排泄时进行。此后气温日益回升，并趋于稳定，蜜源也日渐丰富，有利于蜂群的增长，而且当年就可能投入生产。其他季节也可以买蜂，但是购蜂后最好还有一个主要蜜源的花期，这样即使不能取得多少商品蜜，至少也可保证蜂群饲料的贮备和培育一批适龄的越夏或越冬蜂。在南方越夏和北方越冬之前，花期都已结束就不宜买蜂。蜜蜂安全越夏或越冬需要做细致的准备工作，此时所买的蜂群若没有做好这项工作则不能顺利越冬或越夏。这时买蜂除了购买蜂群的费用外，还需购买饲料糖。并且蜂群的越冬或越夏管理有一定的难度，管理方法不得当，蜂群还可能死亡。

购买蜂群的时期，南方上半年宜在12月至翌年2月，下半年宜在9～10月；北方宜在2～4月。在此季节最适宜蜂群的增长。

（三）挑选蜂群

蜂群最好是向连年高产、稳产的蜂场购买。养蜂技术水平高的蜂场对蜜蜂的蜂种特性重视，在生产中注意选育良种。初学者，不宜大量地购进蜂群，一般以不超过10群为好，以后随着养蜂技术的提高，再逐步地扩大规模。

1. 优良蜂群的特征

挑选应主要从蜂王、子脾、工蜂和巢脾等四个方面考察：蜂王年轻、胸宽、腹长、健壮、产卵力强；子脾面积大，封盖子整齐成片，无花子现象，没有幼虫病；小幼虫底部浆多；幼虫发育饱满、有光泽；工蜂健康无病、体上蜂螨寄生率低，幼年蜂和青年蜂多，出勤积极，性情温驯，开箱时安静；巢脾平整、完整，浅棕色为最好，雄蜂房少。

2. 挑选蜂群方法

挑选蜂群应在天气晴暖、蜜蜂能够正常巢外活动时进行，以方便箱外观察和开箱检查。首先在巢门前观察蜜蜂活动表现和巢前死蜂情况进行初步判断，然后再开箱检查。

箱外观察在蜜蜂出勤采粉高峰时段，蜂箱前巡视观察。进出巢的蜜蜂较多的蜂群，群势强盛；携粉归巢的外勤蜂比例多，巢内卵虫多，蜂王产卵力强。健康正常蜂群巢前一般死蜂较少，基本没有蜜蜂在蜂箱前地面爬动。如果地面有较多瘦小甚至翅残的工蜂爬动，可能螨害严重；巢门前有体色暗淡、腹部膨大、行动迟缓的工蜂，或有量较大、较稀薄粪便是蜜蜂患下痢病症状；巢前有白色和黑色的幼虫僵尸，为蜜蜂白垩病。

开箱检查开箱时工蜂安静、不惊慌乱爬，不激怒螫人，说明蜂群性情温驯；工蜂腹部较小，体色正常，没有油亮现象，体表绒毛多而新鲜，则表明蜂群健康，年轻工蜂比例较大；蜂王体大、胸宽、腹长丰满，爬行稳健，全身密布绒毛且色泽鲜艳，产卵时腹部屈伸灵敏，动作迅速，提脾时安稳，并产卵不停，则说明蜂王质量好；卵虫整齐，幼虫饱满有光泽，小幼虫房底王浆多，无花子、无烂虫现象则说明幼虫发育健康。

3. 群势要求

购蜂的季节不同，蜂群的群势要求标准也不同。购蜂群势可参照当地正常蜂群的群势。一般来说，早春蜂群的群势不宜少于2足框，夏秋季应在5足框以上。在群势增长的季节还应有一定数量的子脾。例如，5个脾的蜂群，子脾应有3~4张，其中封盖子至少应占一半。蜂王不能太老，最好是当年培育的，最多也只能是前一年春季培育的蜂王。

4. 蜂箱巢脾要求

购蜂时还应注意蜂箱的坚固严密和巢脾巢框的尺寸标准。蜂群购买后，马上就需运走，若蜂群在运蜂途中，蜂箱因陈旧破损跑蜂就会出现麻烦。巢脾尺寸规格不统一标准，就不便今后的蜂群管理。巢脾好坏与蜂群的发展至关重要。因此，购蜂虽然不能强求都是好脾，但也不能太多发黑、咬洞、残缺、雄蜂房多的差脾。应该好、差，新旧巢脾适当搭配，买卖双方互相兼顾。此外，购买的蜂群内还应有一定的贮蜜，一般每张巢脾应有贮蜜0.5kg。

第二章

蜜蜂良种的选育与培育

养蜂业中使用的蜂种

蜂种是一个概念含糊的名词，它既包括蜜蜂纯种，如某一品种、品系，又包括蜜蜂杂交种，如卡蜂和意蜂之间的杂交种。

在众多的蜂种中，欧洲黑蜂、意大利蜂、卡尼鄂拉蜂和高加索蜂等4个西方蜜蜂，因其经济性状优良，便于饲养管理，是养蜂生产上或曾是养蜂生产上普遍使用的蜂种，因此，有四大名种蜜蜂之称。

我国共有人工饲养的蜜蜂700万群，其中500万群为西方蜜蜂，其余200多万群为东方蜜蜂。年产蜂蜜200 000t，其中，90%是西方蜜蜂生产的；年产王浆2 000t，全部是西方蜜蜂生产的；此外还年产数千吨花粉和蜂蜡。由此可见，西方蜜蜂是我国养蜂生产上使用的主要蜂种；东方蜜蜂因其产蜜量低，不能生产王浆，而且又很难进行转地饲养，因此，除南方少数蜂场外，多为农民业余饲养，其生产潜力有待开发。

在我国饲养的500万群西方蜜蜂中，除意大利蜂、卡尼鄂拉蜂、高加索蜂和欧洲黑蜂（新疆黑蜂）等四大名种蜜蜂外，还有东北黑蜂、安纳托利亚蜂等蜂种。其中，意大利蜂和以意蜂血统为主的蜂群约占80%；卡尼鄂拉蜂和以卡蜂血统为主的蜂群约占10%；其他血统的蜂群，即东北黑蜂、新疆黑蜂、高加索蜂、安纳托利亚蜂以及它们的杂交种，共约占10%。

一、意大利蜂

意大利蜂是我国养蜂生产上的当家品种。我国现有意大利蜂和以意蜂血统为主的蜜蜂400万群，占我国饲养的西方蜜蜂总数的80%左右；年产蜂蜜13万~14万吨，占我国蜂蜜年产量的65%~70%；年产王浆2 000t，是我国蜂王浆几乎全部由意蜂生产。

我国饲养的意蜂，按其来源，可分为本意、原意、美意、澳意等品系，以及浙江平湖、萧山一带的"浆蜂"。

本意是本地意蜂（又称中国意蜂）的简称，它们是 20 世纪 20～30 年代由国外引进的意大利蜂的后代，经过几十年的人工选育，已逐渐对当地的气候、蜜源条件产生了较强的适应性，并表现出较理想的经济性状。20 世纪 70 年代前期，我国又曾连续两年由意大利、美国、澳大利亚等国大量引进了几批意大利蜂王。为便于区别起见，习惯上称原来饲养的意大利蜂为本地意蜂，即本意。但由于大规模的长途转地饲养，在同一个蜜源场地里往往有几个、十几个甚至几十个蜂场同时存在，而这些蜂场饲养的蜜蜂又往往不是同一个品种，各蜂场在培育蜂王时又根本无法控制其交配（蜂王和雄蜂是在空中交尾的，其婚飞范围的半径分别可达 5～7km 甚至更远），从而导致了本意种性的严重混杂和退化。因此，原来意义上的本意早已不复存在；现在通常所说的本意，实际上就是那些血统混杂、种性退化、经济性状不良的意蜂。

原意是原产地意大利蜂的简称，它们是 20 世纪 70～80 年代由意大利引进的意蜂王的后代。在原产地，即在意大利的亚平宁半岛上，意蜂的体色变化很大；中国农业科学院蜜蜂研究所保存的原意蜂，是 20 世纪 80 年代由意大利带回的意蜂王的后代，其体色为橙黄色，产育力强，产浆性能好，分蜂性弱，但易患美洲幼虫腐臭病。

美意是美国意大利蜂的简称，它们是 20 世纪 70～80 年代由美国引进的意蜂王的后代，实际上是意蜂品种之内的四个近交系之间的双交种斯塔莱茵（Starline）的后代，其体色分离现象较明显，有的偏黄，有的偏黑。中国农业科学院蜜蜂研究所保存的美意，其体色比原意深，采集力比原意强，但产浆性能比原意差。

澳意是澳大利亚意蜂的简称，它们是 20 世纪 70～90 年代由澳大利亚引进的意蜂王的后代。其形态特征、经济性状和生产性能与美意相似。

浆蜂形成于我国浙江省的杭嘉湖平原。据初步调查分析，它是 20 世纪 70 年代前期引进我国的原意与浙江当时的本意杂交后，经杭嘉湖平原的一些生产蜂场十几年的选育而形成的一个品系。其主要的选育者有平湖的周良观、王进、李志勇，萧山的洪德兴等。浆蜂最大的特点是泌浆力特别强，在大流蜜期，一个强群每 3d（72h）可生产王浆 80～100g 以上；但产蜜能力明显低于其他品系的意蜂；饲料消耗量大；抗病力低。

东方 1 号是中国农业科学院蜜蜂研究所石巍等在"十五"期间用本意作素材选育而成的抗螨品系，适合于南方饲养。

二、卡尼鄂拉蜂

卡尼鄂拉蜂（原译喀尼阿兰蜂）是我国养蜂生产上使用的又一个重要的西方蜜蜂品种。我国现有卡尼鄂拉蜂和以卡蜂血统为主的蜜蜂 50 万群，占我国饲养的西方蜜蜂总数的 10% 左右。卡蜂最大的特点是采集力特别强，善于利用零星蜜粉源，越冬性能强；但其产育力较弱，泌浆能力差，产浆量低。因此，北方的那些只生产蜂蜜的蜂场，除黑龙江、吉林和新疆的局部地区外，大多喜欢饲养卡蜂。

卡蜂正式用于我国养蜂生产始于 20 世纪 70 年代初，当时马德风等在重庆等地试用输送卵虫法推广蜜蜂良种时所用的母本就是卡蜂。

我国饲养的卡蜂，按其来源，可分为奥卡、南卡和喀尔巴阡等生态型。

奥卡是奥地利卡蜂的简称，它们是 20 世纪 70 年代由联邦德国（原西德）引进的卡尼鄂拉蜂王的后代，因联邦德国的卡蜂就是其原产地奥地利的卡蜂，故称奥卡。蜂王黑色或深褐色，有的蜂王第 1~3 腹节背板上有暗黄色环带；工蜂和雄蜂为黑色。采集力强，善于利用零星蜜粉源，与同等群势的意蜂相比，其产蜜量高 20%~30%；产育力较弱，泌浆能力差，在大流蜜期每 3d 群产王浆仅 10~20g；分蜂性较强，不易维持强群；节约饲料；越冬性能强。

南卡是南斯拉夫卡蜂的简称，它们是 20 世纪 70 年代由原南斯拉夫引进的卡尼鄂拉蜂王的后代。蜂王深褐色，第 1~3 腹节背板上有暗黄色环带；工蜂和雄蜂为黑色。其经济性状和生产性能与奥卡基本相似，但采集力比奥卡强。

喀蜂是 20 世纪 70 年代末由罗马尼亚引进的卡尼鄂拉蜂王的后代。蜂王黑色，腹部较细；工蜂和雄蜂为黑色。除越冬性能较卡蜂稍强外，其生产性能与卡蜂相似。吉林省养蜂科学研究所选育并保存的喀尔巴阡黑环系即为喀尔巴阡蜂的一个近交系。

北京 1 号是中国农业科学院蜜蜂研究所石巍等在"十五"期间用卡蜂作素材选育而成的抗螨品系，适合于北方饲养。

三、东北黑蜂

东北黑蜂饲养于东北的北部地区，集中于黑龙江东部的饶河、虎林一带，它们在当地已有近一个世纪的饲养历史。据报道，20世纪80年代末，仅黑龙江省虎林县东北黑蜂保护区内就有纯种东北黑蜂5 000多群。

东北黑蜂是19世纪末20世纪初由俄国传入我国的远东蜂，它是中俄罗斯蜂（欧洲黑蜂的一个生态型）和卡蜂的过渡类型，并在一定程度上混有高加索蜂和意大利蜂的血统。个体大小及体形与卡蜂相似。蜂王大多为褐色，其第2、第3腹节背板具黄褐色环带，少数蜂王为黑色；工蜂为黑色，少数个体第2、第3腹节背板上具黄褐色斑；雄蜂为黑色。绒毛灰色至灰褐色。喙较长，平均为6.4mm；第4腹节背板绒毛带较宽；第5腹节背板覆毛较短。产育力较强，春季群势发展较快。分蜂性较弱，可养成大群。采集力强，特别适应于对椴树蜜源的采集；善于利用零星蜜粉源。不怕光，开箱检查时较安静；与意蜂相比，较爱蜇人。越冬性强。定向力强，不易迷巢，盗性弱。与意蜂相比，较抗幼虫病；易患麻痹病和孢子虫病。蜜房封盖为中间型。

四、新疆黑蜂

新疆黑蜂又称伊犁黑蜂，集中分布于新疆的伊犁、塔城、阿勒泰等地区。据初步观察研究，它们是20世纪初由前苏联传入我国的中俄罗斯蜂（欧洲黑蜂的一个生态型），其形态特征、生物学特性和生产性能与欧洲黑蜂相同。现已基本被混杂。

五、杂交种蜜蜂

根据我国养蜂生产发展的需要，20世纪80年代以来，中国农业科学院蜜蜂研究所和吉林省养蜂科学研究所等科研单位先后开展了蜜蜂杂交育种研究工作；90年代初以来，已陆续育成了几个高产杂交种蜜蜂在生产上推广应用，如国蜂213、国蜂414、黄山1号、白山5号、松丹1号、松丹2号等。

国蜂213、国蜂414、黄山1号是中国农业科学院蜜蜂研究所刘先蜀等在"七五"和"八五"期间培育的。其中，国蜂213是蜂蜜高产型杂交种，它是由两个高纯度的意蜂近交系和一个高纯度的卡蜂近交系组配而成的三交种，其蜂蜜和王浆的平均单产，分别比普通意蜂提高70%和10%；国蜂414是王浆高产型杂交种（其血统构成与国蜂213相似，但组配形式不同），其王浆和蜂蜜的平均单产，分别比普通意蜂提高60%和20%；黄山1号是蜜浆双高产型杂交种，它是由四个高纯度的意蜂近交系和一个高纯度的卡蜂近交系组配而成的特殊的三交种，其王浆和蜂蜜的平均单产，分别比普通意蜂提高200%和30%。

白山5号、松丹1号和松丹2号是吉林省养蜂科学研究所葛凤晨等培育的。其中，白山5号是蜜浆兼产型杂交种，它是由两个卡蜂近交系和一个意蜂品系组配而成的三交种，其蜂蜜和王浆的平均单产，分别比普通意蜂提高30%和20%；松丹1号是蜂蜜高产型杂交种，它是由两个卡蜂近交系和一个单交种蜜蜂组配而成的双交种，其蜂蜜和王浆的平均单产，分别比普通意蜂提高70%和10%以上；松丹2号也是蜂蜜高产型杂交种，它是由两个意蜂近交系和一个单交种蜜蜂组配而成的双交种，其蜂蜜和王浆的平均单产，分别比普通意蜂提高50%以上和20%以上。

蜂王是正常蜂群中唯一能够产卵生殖的雌性蜂，并且通过释放群体外激素——蜂王物质控制和维持蜂群的正常生活秩序。蜂王直接影响蜂群的群势、采集力、抗逆力以及蜜蜂产品的产量和质量等生产能力诸要素，优质蜂王是养蜂高产的因素之一。依靠蜂群自然培育蜂王，从时间、数量和质量都不能满足蜂群快速增长、人工分群、双王和多王饲养以及笼蜂生产的需要。所以现代养蜂生产中，几乎所有蜂王都是采用人工育王方法培育而成。

美国、罗马尼亚、意大利、澳大利亚等养蜂业比较发达的国家，对蜂王培育十分重视，都有独立的养王业。专业育王场向生产蜂场提供大量优质的生产用蜂王。我国是一个养蜂大国，但是，专业的育王场并不多，生产用蜂王几乎全部由各生产蜂场自行培育。因此，在我国人工培育优质蜂王是现代养蜂必须掌握的技术。

第三章

养蜂机具与设备

蜂箱是科学养蜂中供蜜蜂繁衍生息和生产蜂产品的基本用具。活框蜂箱习称"蜂箱"，系指蜂路结构合理、巢框可以移动的蜂箱。它是蜂具的三大发明之一，与其后发明的巢础机和分蜜机配合应用，结束了数千年的原始养蜂方式，奠定了新法养蜂的基础，使养蜂生产出现了巨大的飞跃。

第一节　蜂箱的种类和基本构造

自 19 世纪中叶美国的朗氏发明活框蜂箱以来，世界各地的养蜂工作者根据蜂路原理，结合当地饲养的蜂种、蜜粉源、气候条件、养蜂习惯等情况，设计出了各式各样适合当地养蜂的活框蜂箱。按其扩大蜂巢的方式，大体上可分为叠加式蜂箱和横卧式蜂箱两个类型（图 3 - 1、图 3 - 2）。通过向上叠加继箱扩大蜂巢的蜂箱称为叠加式蜂箱，如朗氏十框蜂箱和达旦蜂箱；通过侧向增加巢脾扩大蜂巢的蜂箱称为横卧式蜂箱，如十六框卧式蜂箱。叠加式蜂箱合乎蜜蜂向上贮蜜的习性，搬运方便，适于专业化大生产和现代化饲养管理，因此，这类蜂箱是养蜂生产中最重要的蜂箱构型。按适用的蜂种，蜂箱有西方蜜蜂蜂箱和中华蜜蜂蜂箱两类。西方蜜蜂蜂箱常见的有朗氏蜂箱、达旦式蜂箱、十二框方形蜂箱和十六框卧式蜂箱等箱型；中华蜜蜂蜂箱有高仄式中蜂箱、从化式中蜂箱、中一式中蜂箱、中蜂十框标准蜂箱等箱型。

蜂箱的型式繁多，但基本结构大致一样。以朗氏活底蜂箱为例，一套蜂箱由巢框、箱体（包括继箱和底箱）、活动底板、箱盖、副盖、隔板和巢门挡等部件，以及闸板、箱架和隔王板等附件构成。

巢框用于支撑、固定和保护巢脾。每套蜂箱巢框的数量主要由蜂群群势和巢框大小而定，从几个到几十个不等。

图 3-1 叠加式蜂箱

图 3-2 横卧式蜂箱

箱体包括底箱和继箱。活底蜂箱的箱体与底板分开设计，使用时最下层的箱体叠放于活动底板之上构成底箱；固定底蜂箱的最下层箱体与蜂箱的底板设计成一体，构成固定底底箱。活底蜂箱在国外较常见，我国基本上都采用固定底蜂箱。继箱是叠加于底箱上方，以扩大蜂巢的箱体。当底箱已不够蜂群繁殖或贮蜜时，加上继箱可扩大蜂群育虫繁殖或增加蜂群贮蜜的空间。继箱的长和宽与底箱的相同，但高度因其用途不同而异。高度与底箱基本相同的为深继箱，采用的巢框与底箱的相同，常用于作巢箱（内装育虫脾供蜂群繁殖）和作蜜继箱（内装蜜脾供蜜蜂贮蜜）。高度约为底箱的1/2的为浅继箱，采用的巢框高度约为底箱的1/2，用于生产分离蜜、巢蜜，或作饲料箱。

活动底板是配合活底蜂箱使用的底板，可以通过翻转改变底箱下蜂路结构的蜂箱底板。采用活动底板不但可调节底箱的下蜂路，上下箱体还能相互交换使用，这不但可提高箱体的利用率，而且能为多箱体养蜂提供方便。

箱盖又称大盖、外盖。它可保护蜂巢免遭烈日的暴晒和风雨的侵袭，并有助于箱内维持一定的温度和湿度。副盖又称子盖、内盖。它盖在箱体上，可使箱体与箱盖之间更加严密，有利于蜂巢保温保湿和防止盗蜂侵入。

隔板的形状和大小与巢框的基本相同，但厚度仅10mm。每个箱体一般配置1~2块，使用时悬挂在箱内巢脾的外侧。在箱内蜂群尚未满箱时，采用隔板把蜂团与多余的空间隔开，既可避免巢脾外露，减少蜂团温湿度降低，又可防止蜜蜂在箱内多余的空间筑造赘脾。

巢门档是配合活底蜂箱使用的一种调节巢门的蜂箱部件。巢门档上有大小不一的巢门结构，可通过翻转改变巢门的大小。固定底蜂箱采用具可启闭巢门的巢门板，通过操纵巢门的小木块的启闭调节巢门。

闸板是蜂箱的重要附件之一。其形似隔板，但宽度和高度分别与底箱的内围长度和内围高度相同。用于把底箱纵向隔成互不相通的两个或更多个小区，以便同箱饲养两个或多个蜂群。

第二节 蜜蜂饲养管理机具

蜜蜂饲养管理器具是现代科学养蜂不可缺少的辅助工具，主要有防护用具、镇蜂器具、饲喂器、隔王板、放蜂篷屋和保护器具等。这些器具有的可显著提高饲养管理的工作效率，有的能使科学养蜂技术的实施成为可能，有的已成为其他蜂具的附件，在现代养蜂生产中发挥着重要的作用。

一、防护用具

养蜂防护用具系养蜂者在蜂群饲养管理操作中防备蜜蜂蜇刺而穿戴的劳保用品，主要有面网、养蜂工作服、喷烟器等。

（一）面网

面网是养蜂的防护用品，用于保护养蜂者的头部和颈部免遭蜜蜂蜇刺。面网通常要求视野广、能见度高、轻便、通风、穿戴舒适、不漏蜂、结实耐用，主要有圆形和方形的两类，型式多种（图3-3）。各类面网按其是否与便帽设计成一体，可分为带帽面网和不带帽面网两种。

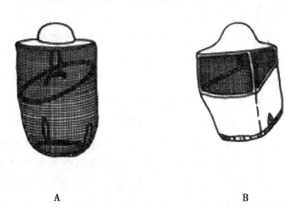

A   B

图3-3 面网
A. 圆形面网；B. 方形面网

圆形面网大都采用黑色纱网或尼龙网制作，有的在其内设计有可折叠的钢圈作支撑，以防纱网被风吹贴在脸面。这种面网具有质轻、可折叠和携带方便等优点，为我国养蜂者普遍采用。方形面网由前后左右四片铝合金或铁纱网制作，质地较硬，结实耐用，且不会被风吹贴脸面，多为国外养蜂者采用。

（二）养蜂工作服

养蜂工作服通常采用较结实的白布缝制，有养蜂工作衫和养蜂套服两种。养蜂工作衫的下口和袖口都采用松紧带，以防蜜蜂进入，且常常把蜂帽与工作衫设计连在一起，蜂帽不用时垂挂于身后。养蜂套服通常制成衣裤连成一体的形式，前面安纵向长拉链，以便着装。套服的袖口和裤管口都采用松紧带，以防蜜蜂进入。

（三）喷烟器

在进行蜂群检查、采收蜂蜜、生产王浆、培育蜂王等作业时，蜜蜂常常会因蜂巢受到干扰而蜇刺操作人员，影响工作效率。因此，在从事与蜜蜂直接接触的操作时，常常借助喷烟器喷烟镇服蜜蜂，以保证操作人员的安全和工作的顺利进行。

喷烟器系用于发烟、喷烟镇服蜜蜂的器具。型式多种，但按其鼓风装置大体可分为风箱式喷烟器、电动式喷烟器和发条式喷烟器3种。

1. 风箱式喷烟器

风箱式喷烟器具有结构简单、造价低、可根据需要掌握烟量。风箱式喷烟器由燃烧炉、炉盖和风箱构成（图3-4）。燃烧炉呈圆柱形，直径100mm，高有254mm和173mm的两种，采用不锈钢板或镀锌铁皮制成，用于装发烟燃料点燃发烟。燃烧炉的侧壁下部有一个通气管，与风箱的出气孔相对，一方面可把风箱鼓出的风引入燃烧炉，另一方面可使燃烧炉保持通风维持燃料闷燃。燃烧炉内有一个炉栅，用于支起燃料，以利炉底通风，使炉内燃料保持闷燃。炉盖大都呈斜圆锥形，通常用铰链与炉体连接；炉盖上的喷烟口朝向侧面，喷烟时只要略将器身倾斜，便可把烟喷到需要喷烟处。风箱由两块木板中间夹以弹簧，并在四周钉上皮革制成，用于鼓风助燃和喷烟；风箱的内侧板下部有一个出气孔，用以把鼓出的风送入燃烧炉内。

2. 电动式喷烟器

电动式喷烟器，由燃烧炉、炉盖、电动鼓风装置和提把构成（图3-5）。整个喷烟器分成上下两个部分，上部为燃烧炉、下部是圆柱形盒体；

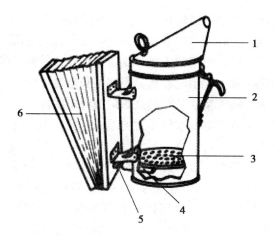

图 3 - 4 风箱式喷烟器

(引自 The ABC and XYZ of Bee Culture，Root A I，1980)

1. 炉盖；2. 燃烧炉；3. 炉栅；4. 通气管；5. 出气孔；6. 风箱

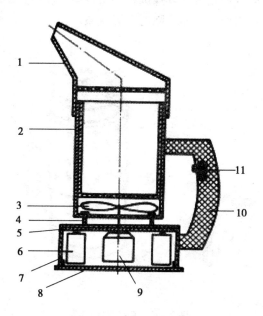

图 3 - 5 电动式喷烟器

(引自 АПЕКСЕИ Н Я，1974)

1. 炉盖；2. 燃烧炉；3. 螺旋桨；4. 螺丝；5. 隔热材料；6. 电池；

7. 盒体；8. 盒底盖；9. 微型电动机；10. 提把；11. 电源开关

燃烧炉与盒体之间采用四个螺丝联成一体，其间保持 10~15mm 的间隔，以通气和隔热。燃烧炉的底部有许多直径为 5~6mm 的通气孔。炉盖除了在盖内增设一道铁纱网，以防使用时火星和烟灰冒出外，其他结构与风箱式喷烟器相同。电动鼓风装置由微型电动机、螺旋桨和电池构成。电动机和电池安装在圆柱形盒体内。螺旋桨安装在燃烧炉炉栅与炉底构成的空间里。提把采用电木制成，其上装置有电动鼓风装置的电源开关，用以控制鼓风喷烟。

3. 发条式喷烟器

发条式喷烟器由器体、鼓风装置和提把构成（图 3-6）。器体比风箱式喷烟器的小，带有隔热护套。器体内由一间壁隔成上、下两室，上室约占 2/3 的空间，用作燃烧炉，下室用以安装鼓风装置；间壁上有一个直径为 10mm 的圆孔，用以把鼓风机产生的风导入燃烧炉内。鼓风装置由机械转动装置和微型鼓风机组成。机械转动装置类似钟表的转动装置，以发条为动力驱动齿轮转动，从而带动安装在齿轮转动轴上的鼓风机叶片转动鼓风。机械转动装置上设计有制动装置，其操纵杆伸出器体外以便控制；机械转动装置的发条上紧器也伸出器外，便于随时上紧发条。

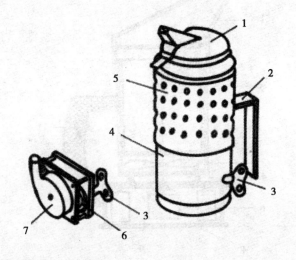

图 3-6 发条式喷烟器
1. 炉盖；2. 提把；3. 发条上紧器；4. 器体；
5. 防护罩；6. 转动装置；7. 微型鼓风机

二、饲喂器

饲喂器是用来盛装饲料供蜜蜂取食的容器，大体可分成巢门饲喂器、巢内饲喂器、箱底饲喂器和箱顶饲喂器等四类。

（一）巢门饲喂器

巢门饲喂器插在蜂箱的巢门口供蜜蜂取食。

1. 瓶式巢门饲喂器

瓶式巢门饲喂器由一个广口瓶和一个木底座组成（图 3 - 7）。广口瓶可容约 0.5 ~ 1kg 糖浆，瓶盖上钻有若干直径 1mm 的小孔供蜂吸食。木底座上部有可倒插广口瓶的圆孔，当瓶子倒装在圆孔内时，瓶口距底座底板约有 10mm 的距离作为蜜蜂取食通道；木底座的一端呈台阶状，使用时用于插在不同高度的巢门上。

图 3 - 7　瓶式巢门饲喂器

使用时，把已装满糖浆的广口瓶的盖子盖紧，并迅速倒插于底座的圆孔内，然后将木底座的台阶状一端插入巢门，供蜂吸食。

2. 巢门饲喂器

巢门饲喂器由器体和器盖构成。器体呈圆锥台形，口径约为 90mm，底部直径约为 80mm，高约 106mm，约可容糖浆 0.5 ~ 0.75kg；器体上口沿有一个槽口，与器盖配合形成糖浆出口。器盖呈浅盘状，具高约 3mm 的边，以与器体接合。

（二）巢内饲喂器

巢内饲喂器主要有框式饲喂器和上梁式饲喂器等型式。

1. 框式饲喂器

框式饲喂器有全框式饲喂器、半框式饲喂器和浅框式饲喂器3种（图3-8）。

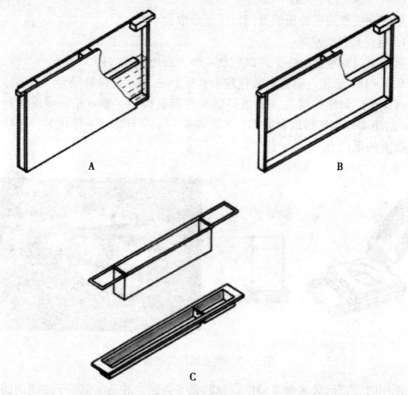

图 3-8　框式饲喂器

A. 全框式饲喂器；B. 半框式饲喂器；C. 浅框式饲喂器

（1）全框式饲喂器

通常采用胶合板、纤维板或塑料制成，其形状和大小与巢框的相仿。木制的框式饲喂器由类似巢框，但上梁中间断开一节的框架的两侧钉上胶合板或纤维板构成（图3-8A）；塑料制的则通过注塑而成。器内平放一块薄木板或纵放一片无毒塑料纱网供蜜蜂取食时攀附，避免蜜蜂溺死。框式饲喂器可容纳糖浆约2.5kg，适于大量补助饲喂。

（2）半框式饲喂器

通常采用木框架和胶合板（或纤维板）制成，形似巢框。其上半部结构与全框式饲喂器的相同，下半部的结构与普通巢框相同（图3-8B）。这种饲喂器可容纳糖浆约1kg，适用于补助饲喂。

（3）浅框式饲喂器

浅框式饲喂器有金属浅框式饲喂器和塑料浅框式饲喂器两种形式（图3-8C）。金属浅框式饲喂器采用镀锌铁皮和粗铁线制成。盛糖浆的盒体长380mm、宽30mm、高70mm，可容纳糖浆约0.7kg，用于补助饲喂。塑料浅框式饲喂器采用塑料注塑而成。盒体分成两个大小不同的区，分别用于补助饲喂和奖励饲喂。这种饲喂器可容纳糖浆约1kg。

2. 上梁式饲喂器

上梁式饲喂器由普通巢框的上梁凿槽形成（图3-9）。有的把巢框上梁设计得比较厚，以凿槽作饲喂器。采用这种饲喂器具有不增加附件、不多占巢内空间和巢顶温度高等优点，尤适用于弱小蜂群和交尾群。上梁饲喂器容量有限，仅适于奖励饲喂。一般每个蜂群采用1~3个即可。

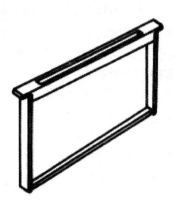

图3-9　上梁式饲喂器

（三）箱底饲喂器

箱底饲喂器置于蜂箱底箱的下方供蜜蜂取食。它采用木板制成，长度比活底蜂箱箱体外围的宽度长出80mm，宽为60mm，高为48mm。器内由一隔板横向隔成蜜蜂取食区和加糖浆区，两区通过隔板下部高2~3mm的间隙相通，以让加入的糖浆进入蜜蜂取食区。蜜蜂取食区的长度与蜂箱箱体外围的宽度相同，其内纵向设计有 3 ~ 4 块薄木板，以增加蜜蜂爬附面积，供较多的蜜蜂同时取食。加糖浆区长度约为 80mm，露出箱外，可在箱外给饲喂器加入糖浆。加糖浆区配有插板盖，以防盗蜂。

箱底饲喂器适用于活底蜂箱。使用时，将活底蜂箱的活动底板向前移一个饲喂器的宽度（约 60mm），然后把饲喂器放置于蜂箱底板向前移出的空位上，并使蜜蜂取食区上口紧靠箱体下沿。最后通过加糖浆区加入糖浆喂蜂。

（四）箱顶饲喂器

箱顶饲喂器使用时置于蜂箱箱体的上方供蜜蜂取食。它具有容量大有利蜜蜂取食、饲喂时不必开箱和常年可寄放于蜂箱上等优点，在国外使用较多。

箱顶饲喂器通常采用木板、纤维板或塑料制成，呈矩形或圆形。器内用蜜蜂限制罩分成两区，罩内为蜜蜂吸蜜区，罩外为贮蜜区。吸蜜区有蜜蜂进入的通道，箱内的蜜蜂通过它进入器内取食。贮蜜区用于盛装加入的糖浆。蜜蜂限制罩通常采用木板、透明塑料、金属板或纱网制成，用于限制蜜蜂在吸蜜区内取食和防止蜜蜂进入贮蜜区溺死。它的下沿通常设计有小缺口，供贮蜜区内的糖浆流入吸蜜区。限制罩大都设计成可拆的，以便饲喂结束后取下，让蜜蜂进入贮蜜区清理残余的糖浆。

箱顶饲喂器的型式繁多，但根据其置于箱顶部位的不同，大体可分为箱式箱顶饲喂器和盘式箱顶饲喂器两类。

1. 箱式箱顶饲喂器

使用时置于蜂箱箱体与副盖之间。它通常采用木板或塑料制成，长度和宽度与蜂箱的相同，但高度仅 60 ~ 100mm，容糖浆量约 10kg。

（1）Miller 式箱顶饲喂器

Miller 式箱顶饲喂器是典型的箱顶饲喂器之一，蜜蜂吸蜜区通长设置在器内中央纵长方向上。蜜蜂限制罩可开启，便于清理（图 3 - 10）。

Miller 式箱顶饲喂器在国外流行较广。有的养蜂者根据它的原理把蜜蜂吸蜜区通长设置在器体的一边，并采用每厘米 2.8 目的铁纱网制作蜜蜂限制罩，既利于蜜蜂附着，又利于群内通风，获得了较好的使用效果。

（2）Adam 式箱顶饲喂器

Adam 式箱顶饲喂器蜜蜂吸蜜区设置在器体内中心，由正四棱柱台形的木块与铁制方形的蜜蜂限制罩构成（图 3 - 11），木块的中心有直径为 20mm

的圆孔，作蜜蜂通道。饲喂器高约 70mm，能容纳约 5kg 糖浆。由于供蜜蜂附着取食的面积小，饲喂的效率较低。

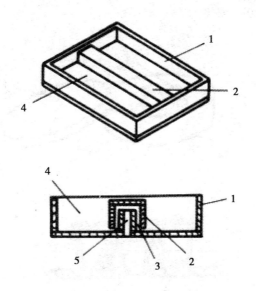

图 3-10 Miller 式箱顶饲喂器
1. 器体；2. 蜜蜂限制罩；3. 蜜蜂吸蜜区；4. 贮蜜区；5. 蜜蜂通道

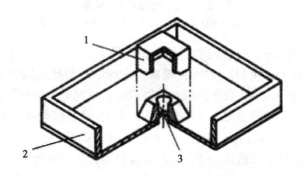

图 3-11 Adam 式箱顶饲喂器
1. 蜜蜂限制罩；2. 器体；3. 蜜蜂通道

2. 盘式箱顶饲喂器

盘式箱顶饲喂器置于副盖与箱盖之间，因此，在蜂箱副盖中心必须凿出一个比饲喂器蜜蜂通道略大的圆孔，以搭接饲喂器的蜜蜂通道和供蜜蜂进入饲喂器取食；并且要在副盖与箱盖之间加一个空继箱架高箱盖。盘式箱顶饲喂器大多采用塑料制成，大都设计有器盖，以防盗蜂（图3-12）。这种饲喂器能容纳1~10kg糖浆。

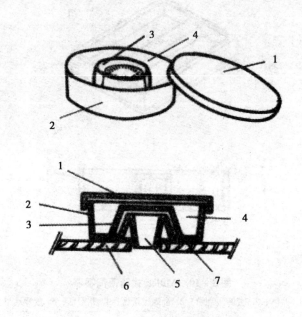

图3-12 盘式箱顶饲喂器

1. 器盖；2. 器体；3. 蜜蜂限制罩；4. 贮蜜区；5. 蜜蜂通道；6. 副盖；7. 蜜蜂吸蜜区

除了上述的两类箱顶饲喂器外，美国还设计了一种塑料桶式箱顶饲喂器，有容量为7kg和14kg的两种规格。它的原理与瓶式饲喂器相同。桶盖的中心设计有许多小孔供蜜蜂取食。使用时，把饲喂器倒置于最上层蜂箱的框梁上；或在蜂箱副盖凿1~3个大小与饲喂器的饲喂孔相近的通孔，把1~3个这种饲喂器倒置于副盖上，饲喂孔对准副盖的通孔，然后再在蜂箱上加一空继箱并盖上箱盖。这种饲喂器容量大，用于补助饲喂。

三、隔王板

隔王板是用于限制蜂王在蜂箱内活动区域的栅板。

（一）隔王板的基本构造
隔王板的型式多种多样，但基本结构大同小异，通常都由隔王栅片和框架构成。

1. 隔王栅片

隔王栅片有孔型的和线型的两种。孔型的隔王栅片通常采用薄金属片或塑料片冲孔而成。孔呈长圆形，长度约 35mm，间距为 4～5mm（图 3－13A）；线型的隔王栅片通常采用直径为 2mm 的钢线或竹丝制成，孔长约 60mm（图 3－13B）。宽度以蜂王胸部的厚度为依据设计，西方蜜蜂的孔宽为 4.14～4.24mm，但我国 21 世纪初开始在养蜂生产中采用孔宽为 4.30mm 的隔王板，以便工蜂上下继箱；中华蜜蜂的孔宽为 3.80～4.00mm。孔型隔王板的孔眼系冲压而成，孔缘粗糙，易刮伤蜜蜂的翅膀和体毛；线型隔王板的孔缘光滑，工蜂通过时不会刮伤翅膀和体毛。

2. 框架

框架通常采用宽度为 30mm、厚度为 12～15mm、不易变形的木材如杉木、红松木制作，也有采用金属片制成。隔王栅片配上框架后，不但结构较牢固，而且可使隔王栅片的两面都具蜂路间隔，以防使用时压死蜜蜂。但国外常直接使用不带框架的隔王栅片作隔王板。

（二）隔王板的种类

隔王板的型式多种，但按其使用时在蜂箱上的位置，大体可分为平面隔王板和框式隔王板两类（图 3－13）。

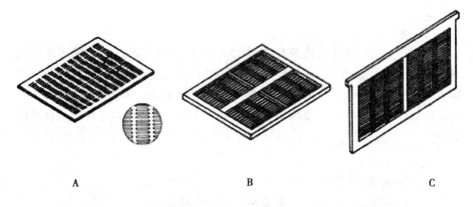

A   B   C

图 3－13　隔王板

A. 孔型平面隔王板；B. 线型平面隔王板；C. 框式隔王板

1. 平面隔王板

平面隔王板习称"隔王板"，使用时水平置于上、下两箱体之间，用于把蜂王限制在育虫箱内繁殖。根据隔王栅片的结构，平面隔王板又可分为有线型平面隔王板和孔型平面隔王板两类。

线型平面隔王板由线型隔王栅片构成，国外大多采用金属丝制的平面隔王板，我国均采用竹制的平面隔王板。金属丝平面隔王板孔眼宽度精确，不易变形，适用于蜂蜜、蜂王浆和育王生产，但造价较高；竹丝平面隔王板造价虽低，但孔眼宽度精确度低，且竹丝易变形，只适用于蜂蜜和蜂王浆生产。育王生产采用时必须精心挑选，以免蜂王进入育王区毁坏培育的王台造成损失。

孔型平面隔王板由孔型隔王栅片构成，孔眼精确，适用于蜂蜜、蜂王浆和育王生产，在国外采用较多。但不配框架的隔王栅片直接置于箱内的巢框上面，在使用时会影响上、下箱体的蜂路结构和减少供蜜蜂通行的有效面积，影响巢内通风。

2. 框式隔王板

框式隔王板使用时竖立插于底箱内，用于将蜂王限制在底箱几个脾上产卵繁殖。通常由线型隔王栅片装置在木框架上构成（图3-13C），也有的在闸板中心挖一个直径为100mm的圆孔嵌装上隔王栅片构成。我国采用的框式隔王板均由竹制隔王栅片装置在木框架上构成。

四、巢础

人工制造的蜜蜂巢房房基称为巢础（图3-14）。巢础一般采用蜂蜡制成，有的采用无毒塑料制作。使用时嵌装在巢框中，工蜂以其为基础分泌蜂蜡将房壁加高而形成完整的巢脾。养蜂生产采用巢础，不但蜜蜂造脾迅速，消耗蜂蜜少，而且造成的巢脾平整，有利于蜂群饲养管理和现代养蜂技术的实施。

（一）巢础的种类

巢础按其适用的蜂种分，有意蜂巢础和中蜂巢础两类，分别用于西方蜜蜂和中华蜜蜂；按其适用的蜂型分，有工蜂巢础和雄蜂巢础两类。工蜂巢础又有薄型巢础、切块巢蜜巢础、普通巢础、深房巢础、嵌线巢础、耐用巢础、金边耐用巢础、三层巢础和塑料巢础等。

图3-14　蜂蜡巢础

1. 薄型巢础、切块巢蜜巢础

薄型巢础、切块巢蜜巢础又称特浅房巢础。它采用优质浅色的封盖蜂蜡在精密的巢础机上轧制而成，房底薄，房基浅，重量轻，分别用于生产格子巢蜜和切块巢蜜。薄型巢础的大小视巢蜜格而定，规格为425mm×120mm的每千克约50片；切块巢蜜巢础的大小视浅巢框而定，规格为419mm×143mm的每千克约35片。

2. 普通巢础

普通巢础采用蜂蜡在普通巢础机上制成，房底稍厚，房基稍高，用于造脾育虫或贮蜜。它的长与宽略小于巢框的宽和高，规格为425mm×200mm的每千克18~20片。

目前，我国生产的巢础大多为普通巢础，有意蜂巢础和中蜂巢础两种。意蜂巢础每平方分米（双面）约有814个巢房房眼，中蜂巢础约有1 081个巢房房眼。

3. 深房巢础

深房巢础采用蜂蜡在具较深房基沟模的巢础机上轧制而成，房底较厚，房基较高，用于造脾育虫或贮蜜。它的长与宽略小于巢框的宽和高，规格为425mm×200mm的每千克14~16片。这种巢础房基高，蜜蜂稍加筑造就可成脾，造脾比采用普通巢础的迅速，而且不易出现雄蜂房。

4. 嵌线巢础

嵌线巢础系美国的 Dadant and Sons 公司于1921年首创的一种高强度巢础。巢础内部纵向嵌有9条波纹状钢线，以提高巢础的强度。每条钢线的上端部呈钩状伸出，在巢框上础时能嵌钩于巢框上梁的沟槽内，使巢础牢固地固定在巢框内。这种巢础用于造脾育虫或贮蜜，规格为425mm×216mm

的每千克约 15 片。

5. 耐用巢础

耐用巢础系美国的 Dadant and Sons 公司于 1963 年生产的一种高强度巢础。这种巢础采用硬塑料（聚乙烯和醋酸纤维素）薄膜作础芯，两边涂上蜂蜡轧印而成，其抗张力与延伸性比嵌线巢础好，使用时用金属夹钉穿过巢框侧条把它固定在巢框上。这种巢础用于造脾育虫或贮蜜，规格为 425mm × 216mm 的每千克约 14 片。

6. 金边耐用巢础

金边耐用巢础系美国的 Dadant and Sons 公司在耐用巢础的两短边镶上金属边条制成的一种高强度巢础。它的两下角还分别开设一个通孔，以便蜜蜂转脾。使用时直接嵌装在巢框上、下梁凹槽内即可。这种巢础用于造脾育虫或贮蜜，规格为 425mm × 216mm 的每千克约 13 片。

7. 三层巢础

三层巢础系美国的 Root 公司于 1923 年研制和生产的一种高强度巢础。它由 3 层蜡片轧制而成，目的在于提高巢础的强度，但使用时巢框仍需上线。这种巢础用于造脾育虫或贮蜜，规格为 425mm × 200mm 的每千克约 16 片。

（二）巢框上线工具

巢框上线器主要有夹具式上线器和上线板两类。

1. 夹具式上线器

由 "U" 形器架、螺杆和挤板构成（图 3 - 15）。"U" 形器架采用方形钢制成，一个竖臂的端部装配螺杆；另一个竖臂的端部内面有一个凹槽，用以在上线时搭接巢框侧条和避免压住框线。挤板也是采用方形钢制成，其下端部有一个方形槽孔与器架的横杆配合，使挤板能在器架内沿横杆移动，其上端部有一个与器架竖臂相同的小槽。

图 3 - 15　夹具式上线器

2. 上线板

由座板、巢框定位木块（条）、侧条夹具、框线滑辊和线团摇架构成

（图 3 – 16）。座板采用一块约 700mm×290mm×20mm 的木板，腹面两侧各配一条垫木而成，用于装置巢框定位木块（条）、侧条夹具、框线滑辊、线团摇架、羊眼钉和框线线团压辊等部件。巢框定位木块（条）用于上线时固定巢框，以便上线。侧条夹具由两条夹臂、一条操纵柄和一块操纵柄制动铁片构成。夹臂采用 12mm×3mm 的扁铁制作，长度分别为 228mm 和242mm，一个端部向上弯折 15mm，另一个端部用铆钉与操纵柄连接，但可以自由转动。操纵柄采用 12mm×3mm 的扁铁制作，长度为 317mm，通过螺栓固定在座板上巢框定位木块（条）的中央，但可以自由转动，通过扳动操纵柄可控制夹具的张合。操纵柄制动铁片采用 45mm×30mm×1mm 的铁片制成，呈"L"形，其小折边高 5mm，上面有一个宽为 15mm 的凹槽，用于上线时扣搭操纵柄。框线滑辊共 3 只，直径 25mm，高度 28mm，可以自由转动，巢框上线时框线绕过它们便于穿线。线团摇架用于承放框线线团，在巢框上线时提供框线和卷起多余的框线。羊眼钉装置在巢框右边侧条近下梁处框线穿孔与框线线团之间，用于牵引框线。

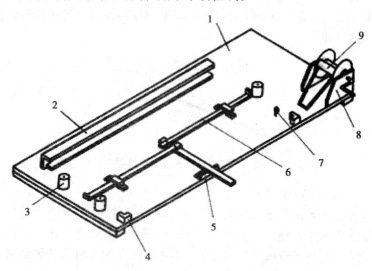

图 3 – 16 上线板

（引自 Amer. Bee Jour.，Joycox E R，1976）

1. 座板；2. 巢框定位木条；3. 框线滑辊；4. 巢框定位木块；5. 制动铁片；

6. 侧条夹具；7. 羊眼钉；8. 线团摇架；9. 框线线团压辊

（三）巢础埋线工具

巢础埋线工具用于在巢框上线后，将框线嵌埋入蜂蜡巢础。主要有埋线板和巢础埋线器两类。

1. 埋线板

埋线板由一块长度和宽度分别略小于巢框的内围宽度和高度、厚度为 10～20mm 的木质平板，配上两条垫木构成，巢础埋线时垫在框内巢础下面作垫板。使用时，板面应用湿布擦拭一遍，以防蜂蜡粘在埋线板上。

2. 巢础埋线器

巢础埋线器系用于把框线嵌埋入蜡质巢础的器具，常见的有烙铁式巢础埋线器、齿轮巢础埋线器和电巢础埋线器等。

（1）烙铁式巢础埋线器

由带尖顶的四棱柱形铜块配上手柄构成（图3-17）。铜块尖顶有一小凹槽。使用时，把铜块端置于热源上加热，然后手持埋线器，将铜块尖顶的凹槽搭在框线上，轻压并顺框线滑过，使框线下面巢础的蜂蜡部分熔化，从而把框线埋入巢础内。

图3-17　烙铁式巢础埋线器

（2）齿轮巢础埋线器

由特制的齿轮配上手柄构成（图3-18）。齿轮通常采用金属制成，可以转动，齿尖有小凹槽。使用时，齿尖的凹槽搭在框线上，用力下压并沿框线向前滚进，即可把框线压埋入巢础。有的在使用时先将齿轮稍加热，更便于埋线。

（3）电巢础埋线器

电巢础埋线器是利用电流通过框线，使之发热熔化础蜡而把框线埋入巢础的器具（图3-19）。使用时，在上好框线的巢框中插入一片巢础，并在巢础下面垫好埋线板，使框线位于巢础片的上面。接通电埋线器电源，将埋线电压的一个输出端与框线的一端相连，然后一手持一根长度略比巢框高度长的小木条轻按住巢框上梁和下梁的中部，使框线紧贴础面，另一手持埋线电压的另一输出端与框线的另一端接通。框线通电变热，6～8s（或视具体情况而定），断开，发热的框线熔化部分巢础蜡，框线即被埋入巢础内。

图 3 – 18　齿轮巢础埋线器

图 3 – 19　电巢础埋线器

（四）巢础固定器

巢础固定器用于将埋好框线的巢础固定在巢框上梁的腹面，常见的有蜡管固定器、熔蜡壶和压边器等。

1. 蜡管固定器

蜡管固定器系用于灌蜡将巢础粘固在巢框上梁的工具。由一蜡液管配上手柄构成。蜡液管直径约20mm、长约160mm，采用不锈钢制成。它的前端呈斜状，尖端有一个蜡液出口；后端套在手柄上，内部封闭但侧壁有一个小通气孔，供控制蜡管固定器的蜡液流量。

2. 熔蜡壶

熔蜡壶是用于巢框上础熔蜡灌蜡，将巢础粘固在巢框上梁的器具。熔蜡壶形似开水壶，由内、外两个壶构成（图3-20）。外壶上部直径约60mm，下部直径约110mm，采用一般金属制成；外壶侧壁设计有进水口，在使用时给外壶加水。内壶呈圆柱形，采用不锈钢制成；上部直径为65mm、高40mm，并配有盖子；下部直径60mm、高80mm，侧壁有一出蜡管通过外壶侧壁伸出，以便灌蜡。

图3-20　熔蜡壶

3. 压边器

压边器系用于将巢础压粘在巢框上梁的工具。它由金属压辊配上手柄而成（图3-21）。金属压滚由巢础压滚和止边滚轮构成，巢础压滚直径12mm，长为1/2巢框上梁宽度，滚的周边设计有细齿，以提高滚压粘固巢础的效果。止边滚轮直径22mm，厚度1~2mm，使用时靠在上梁侧边，以保证巢础的压边准确、整齐。金属压滚装置在手柄上可自由转动。

五、蜂王生产器械

（一）人工育王器械

人工育王器械主要有 Doolittle 法育王器具、Jenter 法育王器具和蜜蜂人工授精仪器设备三种类型。前两者主要用于工蜂的卵或1日龄幼虫培育蜂王，后者用于处女王进行人工授精。

图 3 – 21　压边器

1. 移虫移卵工具

它是在人工育王或蜂王浆生产中，用于把工蜂巢房内的蜜蜂幼虫（或卵）移入人工台基育王或产浆。常见的有金属移虫针、鹅毛管移虫针、牛角片移虫针、弹性移虫针、移卵勺和移卵管等（图 3 – 22）。

2. 台基蘸制器具

蘸蜡棒用于蘸制蜂蜡台基。采用纹理细致的木料制成，长约 100mm，蘸蜡端通常呈半球形（图 3 – 23）。意蜂用的蘸蜡端半球形直径 9～10mm，距端部 10mm 处直径10～12mm；中蜂用的蘸蜡端半球形直径 8～9mm，距端部 10mm 处直径 9～10mm。

台基蘸制器由蘸蜡模棒、台基推杆、蘸蜡模棒固定条、台基推杆压条、弹簧和螺栓构成（图 3 – 24）。蘸蜡模棒采用纹理细致的木料制成，蘸蜡端的形状和大小与蘸蜡棒的相同，但其中心有一个圆柱形通槽，以供插入台基推杆，而且蘸蜡端的顶端为球缺状，与台基推杆的端部一起构成半球形。台基推杆用于脱下蘸制的台基，其端部采用纹理细致的木料制成。台基推杆压条在螺栓中可以上下自由移动，用于成排下压台基推杆。

3. 人工台基

蜂蜡人工台基（简称"蜂蜡台基"）、塑料人工台基（简称"塑料台基"）和木质台基等多种类型（图 3 – 25）。

蜂蜡台基用台基蘸制器具蘸蜡制成（图 3 – 25A）。它呈圆柱形，底部为半球形，大小依蜂种不同而异，意蜂用的其上口直径为 10～12mm，底部半球形直径 9～10mm，中蜂用的其上口直径为 9～10mm，底部半球形直径 8～9mm。使用时，多个成排粘在育王框或产浆框的台基条上，供移入工蜂幼虫。

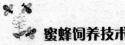

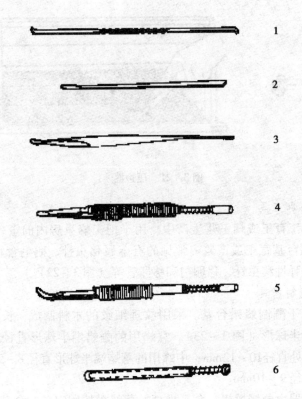

图 3 - 22　移虫（卵）工具
1. 金属移虫针；2. 牛角片移虫针；3. 鹅毛管移虫针；
4. 弹性移虫针；5. 移卵勺；6. 移卵管

塑料台基采用无毒塑料制成，有倒圆锥台形的、圆柱形的和坛形的，有白色的、淡绿色的和棕色的，有单个的和多个成条状的等多种型式（图 3 - 25B）。目前蜂王浆生产上采用较普遍的是具有 25 个台基的台基条。塑料台基具有王台接受率高、产浆量高、可重复利用、使用方便和有利于机械化产浆等特点，是一种较有发展前途的人工台基。

4. 育王框

育王框宽和高与巢框相同，厚为 15 ~ 18mm，框内有 3 条台基条供安装人工台基（图 3 - 26）。台基条通常设计成可拆的，以便移虫或割取王台。使用时，把人工台基黏附或绑固在台基条上，供移虫育王。通常每条台基条安装 7 ~ 10 个台基。

图 3 –23　蘸蜡棒

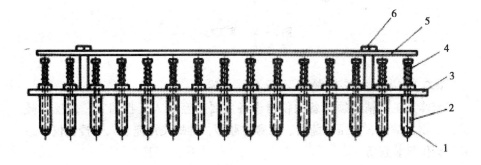

图 3 –24　罗马尼亚的一种台基蘸制器
1. 台基推杆；2. 蘸蜡模棒；3. 蘸蜡模棒固定条；4. 弹簧；5. 台基推杆压条；6. 螺栓

A

B

图 3 –25　人工台基

图 3 - 26　育王框

（二）蜜蜂人工授精仪器设备

蜜蜂人工授精必须具备的仪器设备主要有蜜蜂人工授精室、体视显微镜、生物显微镜、高压灭菌锅、煮沸消毒器、雄蜂飞翔笼、人工授精仪和二氧化碳供气装置等。

1. 蜜蜂人工授精室

人工授精室的面积一般要求在 12 ~ 15m²。室内应洁净，光线充足，水电设施齐全。室内设有一个 2 500mm × 700mm × 800mm 的工作台，并配备有 1 ~ 2 个药品柜。

2. 体视显微镜、生物显微镜、高压灭菌锅、煮沸消毒器

体视显微镜应选用工作距离在 90mm 以上的；生物显微镜应选用 1 600 倍以上的；高压灭菌锅和煮沸消毒器的型号及大小视需要而定。

3. 雄蜂飞翔笼

用于让待取精的种用雄蜂爽身飞翔和排泄粪便，以便取精。有扣式雄蜂飞翔笼和室内雄蜂飞翔笼两种。扣式雄蜂飞翔笼由一个大小与继箱相仿的木框架四周和顶面配上隔王栅板，并在底面配上一块活动抽板构成。用于继箱内囚养的雄蜂时，每隔 4 ~ 5d 扣 1 次，让雄蜂在笼内作飞翔活动。室内雄蜂飞翔笼由约 3 倍于继箱大小的铁纱（每厘米 10 目）笼构成。笼的一个面上设计有可启闭的门，以便装入雄蜂和提出已作爽身飞翔、排泄过的雄蜂

取精。

4. 蜜蜂人工授精仪

由底座、蜂王麻醉室、背钩操纵杆固定柱、腹钩操纵杆固定柱、精液注射器三向导轨、精液注射器、背钩、腹钩和探针构成（图 3 - 27）。

底座采用铸铁制成，用于装置蜂王麻醉室、背钩操纵杆固定柱和腹钩操纵杆固定柱。蜂王麻醉室采用透明有机玻璃制成，用于固定蜂王，并通入二氧化碳气体麻醉蜂王。标准的蜂王麻醉室由管芯和管套两个部件，外加一个蜂王导入管附件组成（图 3 - 28）。管芯外径 6.5mm，能与管套恰好套合抽动又比较严密；管芯内空腔直径为 2mm，用于导入二氧化碳麻醉蜂王；管芯的下端通过橡胶导管与二氧化碳供气装置相联。管套内径 6.7mm，上口收缩到内径 4.5mm。背钩操纵杆固定柱和腹钩操纵杆固定柱采用金属制成，分别用于固定背钩和腹钩。精液注射器三向导轨装在人工授精仪右边的腹钩操纵杆固定柱上部，用于操纵精液注射器前后、左右和上下三个方向的移动。精液注射器用于给人工授精的蜂王注射雄蜂的精液，常用的有下面两种。Mackensen 隔膜式精液注射器系美国的 Mackensen 于 1948 年发明的。它采用螺杆压迫橡胶膜片，以达到微量控制注射量和产生强大注射压的目的。Mackensen 隔膜式精液注射器由针筒、螺杆、顶针、接头、橡胶膜片和针头组成。针头采用有机玻璃车制而成，其内径为 0.17mm，尖端外径为 0.27mm；针头内最大贮精量为 10μl。注射器的其他部件均采用不锈钢车制而成，背钩、腹钩和探针采用直径为 1 ~ 1.5mm 的不锈钢丝制成。

5. 二氧化碳供气装置

由二氧化碳钢瓶、洗瓶、通气活塞和导气管构成（图 3 - 29）。二氧化碳钢瓶内灌满液态二氧化碳，为蜂王麻醉剂气体的来源。洗瓶内装有蒸馏水，用于净化导入蜂王麻醉室的二氧化碳气体。通气活塞用于控制进入蜂王麻醉室的二氧化碳气体的量。

（三）王台保护器具

王台保护器具是用来保护介绍入蜂群的王台不被蜜蜂咬毁，使蜂王安全羽化出房的器具。有王台保护圈、隔王出房笼、蜂王笼和塑料王笼等多种（图 3 - 30）。

1. 王台保护圈

王台保护圈由铁丝绕制而成（图 3 - 30A），长 35mm、上口直径 18mm，配有一铁片盖，下口直径 6mm。王台保护圈用于给无王群介绍王台时，可保护王台不被工蜂咬毁，以确保蜂王安全出房。

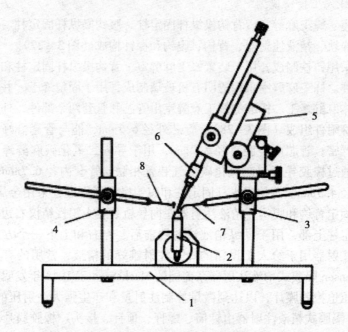

图 3 - 27　蜜蜂人工授精仪

1. 底座；2. 蜂王麻醉室；3. 背钩操纵杆固定柱；4. 腹钩操纵杆固定柱；

5. 精液注射器三向导轨；6. 精液注射器；7. 背钩；8. 腹钩

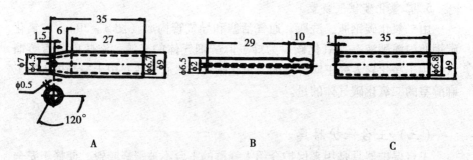

图 3 - 28　蜂王麻醉室（单位：mm）

A. 管套；B. 管芯；C. 蜂王导入管

2. 隔王出房笼

隔王出房笼采用镀锌铁板制成（图3-30B），用于保护王台不被工蜂咬毁和把出房的蜂王与原群的蜂王隔开以防咬杀。它呈矩形，长33mm、宽

26mm、高56mm。笼壁上设计有成排仅工蜂可以自由通过的长圆形孔，供工蜂进入饲喂出房的蜂王；笼的顶部设计有一个直径17mm、带有插板盖的圆孔；腹面悬挂有一个形状与王台相似、比王台略大的铁纱（每厘米10目）王台保护器。笼的下部配有一个带有饲料槽、可启闭的木块盖，用于释放笼内的蜂王。

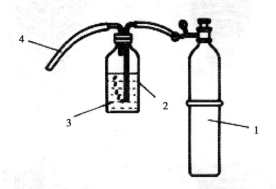

图3－29 二氧化碳供气装置
1. 二氧化碳钢瓶；2. 洗瓶；3. 蒸馏水；4. 导气管

3. 蜂王笼

蜂王笼采用细铁纱（每厘米10目）制成（图3－30C），用于保护王台，并可兼作蜂王诱入器。它呈矩形，长33mm，宽24mm，高45mm。笼的顶部设计有一个直径16mm带有插板盖的圆孔，供插入王台；笼的下部配一个带有饲料槽、可启闭的木块盖，用于释放笼内的蜂王。

使用时，先在饲料槽内装入适量的炼糖，然后把成熟王台从顶板的圆孔插入笼中，并随即插上盖板。其后，把已装有王台的隔王出房笼吊挂在完成群的两巢脾之间，或多个成排装置在特制的框架上整框插在完成群中，让蜂王羽化。在笼中的蜂王出房后，取出王台壳体，然后用蜂王笼将处女王诱入交尾群，或者暂带笼贮存在完成群中。

4. 塑料王笼

塑料王笼系罗马尼亚采用的一种王台保护器，由无毒塑料制成（图3－30D），用于保护王台不被工蜂咬毁和把出房的蜂王与原群的蜂王隔开以防咬杀。它呈矩形，高48mm、宽39mm、厚21mm。笼前壁设计有通气孔；笼的后部设计一个插板盖，盖上有通气孔；笼的顶部设计有一个直径15mm的

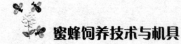

圆孔，供使用时插入王台。

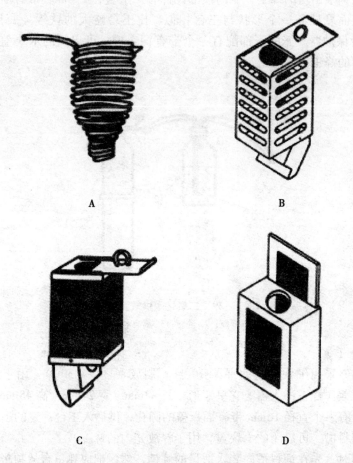

A   B

C   D

图 3 – 30　王台保护器具
A. 王台保护圈；B. 隔王出房笼；C. 蜂王笼；D. 塑料王笼

使用时，把装有适量炼糖的小蜡杯（一般用蜡台基）黏附在笼内底部，插上插板盖，将王台从笼顶部圆孔插入器中。然后把多个装有王台的王笼置于一个类似巢框的框架上，并插入蜂群中让蜂王出房。

（四）贮王器具

1. 贮王框

贮王框系用于蜂群内贮备蜂王的器具。有多种型式（图 3 – 31），使用时，把成熟王台黏附在小贮王笼的顶板上，并在各小室底部的角落黏附一个特大的蜡杯（形似人工台基），供装饲料。插上盖板后，把整个贮王框置于无王群或无王区的粉蜜脾之间。

2. 贮王盒

贮王盒系用于蜂群外贮备蜂王的器具，采用长和宽均为50mm、高为80mm 的塑料盒。盒内后壁近底部横置一片窄板，供承放小块巢脾；盒的顶部中央有一饲喂器圆座，供插放微型饲喂器，圆座中心有一个直径2mm的圆孔，供蜜蜂吸食微型饲喂器内的饲料；盒的前向是可启闭的插板门；盒的底部和插板门上都开设有通气孔（图3-32）。

图3-31　贮王框

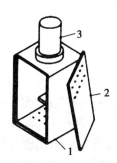

图3-32　贮王盒
1. 盒体；2. 插板门；3. 微型饲喂器

（五）囚王器具

囚王器具通常用于限制蜂王产卵，但在养蜂生产换王时，也常用来囚禁老王，待新王交尾成功后再除去（图3-33）。主要有扣脾囚王笼和嵌脾囚王笼两种。

1. 扣脾囚王笼

扣脾囚王笼采用塑料制成，笼长70mm、宽50mm、高20mm。顶面为隔王栅结构，工蜂可自由进出。使用时，先罩住脾上的蜂王，然后轻轻下按，使笼齿插入巢脾内即可。

2. 嵌脾囚王笼

嵌脾囚王笼采用塑料和竹丝制成，长45mm、宽30mm、厚20mm。四周均为隔王栅结构，两端为塑料片；窄侧面有一可抽开的小门，供装入和释放蜂王。使用时将囚王笼嵌装在巢脾近上梁处或下梁处，也可以吊挂在两脾之间。

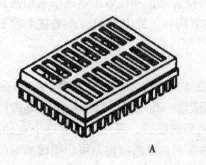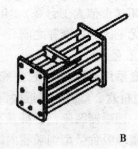

A   B

图 3 - 33 囚王器具

A. 扣脾囚王笼；B. 嵌脾囚王笼

（六）蜂王、王台邮送器具

常见的一种蜂王邮送器采用质轻、无味的长方形木块制成（图 3 - 34）。长 80mm、宽 30mm、高 18mm，内设三个相互连通、直径为 20mm、深为 15mm 的小圆室。器两端各有一个直径 7 ~ 8mm 的出入孔；器两侧各有一条小凹槽，槽中有小孔与圆室相通，供通气。另附一块用 2 ~ 3mm 厚的纤维板或胶合板制成的、与器身等大的盖板。

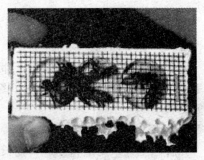

图 3 - 34 蜂王邮送器

（七）蜂王诱入器

蜂王诱入器系用于给无王群安全诱入蜂王的器具，有全框诱入器、扣脾诱入器、密勒氏诱入器和诱王笼等多种型式。我国常见的有全框诱入器和扣脾诱入器两种。

1. 全框诱入器

全框诱入器由薄木板和每厘米 10 目的铁纱制成（图 3 – 35）。其大小以能容纳一个巢脾，且能插入蜂箱内为度，顶部配有一个插板盖。使用时，将一框连蜂带王的半蜜脾置于诱入器中，插入无王群内，经 1 ~ 2d 蜂王被接受后撤出诱入器。这种诱入器通常用于诱入较贵重的种用蜂王，也可用于合并弱小蜂群。

图 3 – 35　全框诱入器

2. 扣脾诱入器

扣脾诱入器（图 3 – 36A）采用铁纱和铁皮制成，长 56mm、宽 47mm、高 20mm。器体上部采用铁纱制成，下部采用铁皮制成，并具尖齿，底部是一个可抽出的底板。器的一个端壁采用铁皮制作，其上有一个直径为 10mm 的圆孔，用作蜂王的入口，并配有一个铁片插板盖。

3. Miller 诱入器

Miller 诱入器（图 3 – 36B）采用铁纱、铁皮和小木块制成，长 90mm、宽 30mm、高 12mm。器的一端部采用铁皮制成，其上设计有一个装蜂口，并配有插板盖；器的另一端采用一木滑块塞在器内，用以根据需要调节器内供蜂王活动的空间。

4. 诱王笼

日本采用的一种诱王笼（图 3 – 36C）是用铁纱、铁片和小木块制成，长 85mm、宽 37mm、高 18mm。器的一端设计有装蜂口，并配有一个插板盖；另一端设计有可启闭的木块盖，其上有一个蜂王出口，并配有小铁片盖。

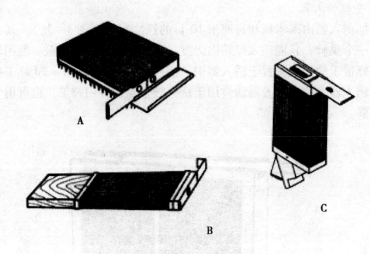

图 3 - 36　蜂王诱入器

A. 扣脾诱入器；B. Miller 诱入器；C. 诱王笼

六、其他饲养管理器具

1. 起刮刀

起刮刀采用优质钢锻成（图 3 - 37），主要用于开箱时撬动副盖、继箱、巢框、隔王板，还可用于刮铲蜂胶、赘脾及箱底污物，起、钉小钉等，是管理蜂群不可缺少的工具。

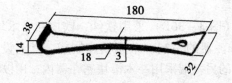

图 3 - 37　起刮刀（单位：cm）

2. 蜂王产卵控制器

蜂王产卵控制器系用于强制蜂王在特定巢脾上产卵的器具。中国农业科学院蜜蜂研究所研制的一种控卵器，采用无毒塑料制成（图 3 - 38），长 480mm、宽 70mm、高 248mm。器体的两侧壁为隔王栅结构，供工蜂进入器内哺育蜜蜂幼虫；上口配置一个盖片，盖上可防止蜂王爬离产卵控制器。

使用时，将一个特定的巢脾置于器内，再放入蜂王，盖上器盖后把整个蜂王产卵控制器插入蜂箱内蜂团中央,让蜂王在器内特定的巢脾上产卵。

图 3 - 38 蜂王产卵控制器

3. 分蜂群收捕器

分蜂群收捕器用于收捕分蜂团。常见的有竹编收蜂笼、铁纱收捕器和袋式收捕器等。

(1)竹编收蜂笼

竹编收蜂笼由两个钟形竹篓套叠在一起,中间衬以棕丝构成,口径约200mm,高约300mm。收捕分蜂团时,在笼内喷点蜂蜜后将笼口紧靠在蜂团上方,用蜂刷驱蜂进笼。所收捕的分蜂团过箱时,可在蜂箱上方直接把笼内的蜂团抖入蜂箱即成。

(2)铁纱收捕器

铁纱收捕器采用金属框架和铁纱制成,形似倒棱形漏斗,上口有活盖,下部有插板盖,两侧提耳,收捕高处的分蜂团时可绑在竹竿上(图 3 - 39)。收捕分蜂团时,打开上盖,从下方套住蜂团,再用力振动蜂团附着物,使分蜂团落入器内,随即扣盖。所收捕的分蜂团过箱时,抽去收捕器下部的抽板,把蜂抖入蜂箱即成。

(3)袋式收捕器

袋式收捕器采用圆形金属框架、白布袋、撑杆和拉绳构成。布袋上口套有圆形金属框架,下口可以收紧和启开。收捕分蜂团时,从下方套住蜂团,然后通过拉绳振动蜂团附着物,分蜂团即落入袋内。

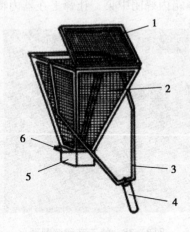

图 3 - 39 铁纱收捕器

1. 器盖；2. 器体；3. 提耳；4. 竹竿；5. 蜜蜂出口；6. 抽板

第三节 蜂产品生产器械

蜂蜜采收器械

采收蜂蜜经脱除蜜蜂、切割蜜盖、分离蜂蜜和蜂蜜净化四个过程，每一个过程都必须借助相应的生产机具。

(一) 脱蜂器械

目前，采用的脱蜂方法有抖蜂脱蜂、脱蜂器脱蜂、药物脱蜂和吹蜂机脱蜂四种，它们都要相应地采用适当的脱蜂器械，如蜂刷、脱蜂器、药物脱蜂装置和吹蜂机等。

1. 蜂刷

蜂刷是一种扫脱蜜蜂的专用工具，主要用于脱除蜜脾、产浆框、育王框上的蜜蜂。通常采用白色的马尾毛和马鬃毛制成（图 3 - 40）。蜂刷的刷毛通常呈双排，宽度约为 250mm，厚度为 5 ~ 10mm，毛长约为 65mm。

蜂刷具有器具小、脱蜂方便等优点，但手工操作劳动强度大、费时，脱蜂时易激怒蜜蜂。

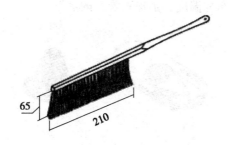

图 3 - 40　蜂刷（单位：mm）

2. 脱蜂器

脱蜂器是一种蜜蜂通过后无法或很难返回的装置。脱蜂器的型式多种多样，但其基本构造和脱蜂原理与波特脱蜂器或圆锥形脱蜂器的相同。

Porter 脱蜂器由长圆形盖片、"U"形槽片和弹簧片构成（图 3 - 41A）。盖片和槽片均由厚为 0.5mm 的铁片制成，盖片中央直径 15mm 的圆孔为蜜蜂入口，盖片与槽片扣合构成蜜蜂通道，槽的端部为蜜蜂出口。弹簧片采用弹性良好的薄铜片制成，每两片构成一个出口宽度为 1.7 ~ 3.2mm 的"八"字形活门。它装置在脱蜂器内的蜜蜂通道上，用于控制蜜蜂出口，使器内的蜜蜂只能出去而不能返回。根据"活门"的数量，这种脱蜂器有单孔、双孔、六孔和十四孔等多种型式。

圆锥形脱蜂器采用塑料或铁纱制成，形似圆锥。其下底直径为 15 ~ 25mm，为脱蜂器的蜜蜂入口；顶部直径约为 5mm，为脱蜂器的蜜蜂出口（图 3 - 41B）。

3. 化学脱蜂装置

化学脱蜂方法是利用蜜蜂忌避剂来驱赶蜜蜂，使之离开蜜继箱。目前，用于脱蜂的药品有石炭酸、丙酸酐、苯醛和丁酸酐四种，使用时都必须与相应的器具配合，才能使脱蜂顺利、安全、快速地进行。药物脱蜂在国外已较普遍采用。

（1）石炭酸脱蜂装置

MraZa C 设计的石炭酸脱蜂装置（图 3 - 42）形似蜂箱的箱盖，框架采用木板制成，长和宽分别与蜂箱箱体的外围相同，高为 25 ~ 35mm。框架内有两条横木，用于支撑其上面的结构。框架上面从内至外钉有一层铁纱网、数层纱布和金属外板，纱网用以支撑其上的纱布，纱布用于脱蜂时吸收洒在其上的石炭酸溶液，金属外板涂有黑色的油漆，以在使用时吸收太阳的热

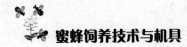

能，提高装置内纱布的温度，加速石炭酸的蒸发。

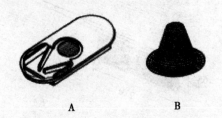

A   B

图 3 – 41 脱蜂器

A. Porter 脱蜂器；B. 圆锥形脱蜂器

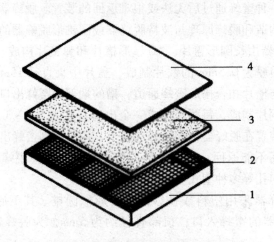

图 3 – 42 石炭酸脱蜂装置

（引自 The ABC and XYZ of Bee Culture. , Root A I, 1978）

1. 框架；2. 铁纱网；3. 纱布；4. 金属外板

采用石炭酸脱蜂装置脱蜂，由于石炭酸在较高气温，或在阳光下挥发比气温较低或无阳光时快，而且效果好，所以使用时要根据气温、阳光等情况，选用不同浓度的石炭酸溶液。一般地说，在常温下采用75%的石炭酸溶液，而在气温较高时采用50%的石炭酸溶液。使用时，把石炭酸脱蜂装置倒翻，使其内面朝上，把配好的石炭酸溶液装入喷水壶，摇匀，再均匀地洒在装置内的纱布上，药量以纱布见湿而不滴为度。若在石炭酸溶液中加入几滴用甲醇变性的酒精，可提高使用效果。

（2）丙酸酐脱蜂装置

丙酸酐脱蜂装置系美国的 Woodrow A W 等，为取代石炭酸脱蜂，于1961 年研制出的，由气箱、散气板和风箱构成（图 3 - 43）。气箱由浅继箱构成，箱顶钉一块纤维板作箱盖；盖板的中心有一个直径约为 10mm 的通孔，供装置风箱；气箱内顶有一块吸水性能良好的垫料，供吸收喷洒在其上的药液。散气板是一块钻有许多直径约 4.5mm 的通孔、厚度约 3mm 的薄板，安装在气箱内上部 1/3 处，用以使药气均匀分散在气箱下方的蜜继箱上。它的中央有一块约 64mm × 64mm 大小的板面不钻孔，以防风箱鼓风时将药气直接吹到其下方的巢脾上。风箱用于鼓风促使气箱内的药气流动，把药气带到气箱下方的蜜继箱驱蜂。

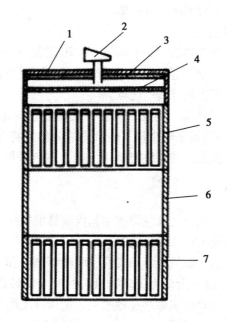

图 3 - 43 丙酸酐脱蜂装置

（引自 Bee World，1961，修订）

1. 气箱；2. 风箱；3. 垫料；4. 散气板；5. 蜜继箱；6. 空继箱；7. 育虫箱

使用时，把浓度为 50% ~75% 的丙酸酐水溶液均匀地洒在气箱内顶的吸水垫料上，然后把脱蜂装置叠放在蜂群最上层待脱蜂的蜜继箱上。轻轻鼓动风箱五六下，先让少量药气使蜜继箱内的蜜蜂向下移动。约半分钟后，增加鼓风次数，并间歇鼓风至蜜继箱内的蜜蜂被驱离。采用丙酸酐脱蜂的效率比采用石炭酸的高，脱除一个朗氏深继箱的蜜蜂一般只需 1.5～2min，浅继箱的只需 1～1.5min。

（3）苯醛脱蜂装置

苯醛又称"人工杏仁油"，是一种低温（26℃以下）下有效的蜜蜂忌避剂。据加拿大养蜂者报道，采用苯醛脱蜂在气温 10℃时可以脱除高为130～150mm 的蜜继箱的蜜蜂；在 18℃时可脱除高为 240mm 的蜜继箱的蜜蜂。

苯醛脱蜂装置是一个长和宽与蜂箱箱体外围相同、高 50mm 的无盖箱子。箱内顶有一块吸水垫料，用于吸附药液。脱蜂时，将 4～15ml 的苯醛药液喷洒在箱内顶的垫料上，先对蜜继箱轻喷几下烟以让蜜蜂向下移动，然后将药箱倒扣在待脱蜂的蜜继箱上方驱蜂。

（4）丁酸酐脱蜂装置

丁酸酐（养蜂商业上称为"Bee Go"）是 20 世纪 60 年代以来美国北部养蜂者普遍采用的一种蜜蜂忌避剂。采用丁酸酐脱蜂具有不受气温高低限制，早晚均可使用和不污染蜂蜜的优点。

采用丁酸酐脱蜂，只需一块硬纸板和一块能盖住蜂箱的白色平板（或铝板）。脱蜂时，在硬纸板上喷少量丁酸酐溶液，然后将含药液纸板直接放在待脱蜂蜜继箱的巢框上，并在该蜜继箱上盖上白色平板（或铝板），以免阳光直射温度过高。

4. 吹蜂机

吹蜂机是利用高速低压气流脱除蜜继箱内蜜蜂的机械，养蜂现代化国家的商业性养蜂场已普遍采用吹蜂机脱蜂。

吹蜂机通常由动力、鼓风机、输气管、喷嘴等部件和蜜继箱支架附件构成（图 3-44）。工作时，由动力带动鼓风机的叶轮旋转产生大量气体，经输气管输送到喷嘴，从喷嘴成束高速地喷出，把蜜脾上附着的蜜蜂吹离，从而达到脱蜂的目的。

背负式吹蜂机全机重约 10kg，体积较小，机动性较大，操作者可借助机上的背带背在背上进行脱蜂工作（图 3-45）。但吹蜂机采用汽油机作动力，工作时震动大，背在背上工作，对操作者的身心健康有不良影响。

手推式吹蜂机通常与继箱支架设计在一起，并在机架下部装配 2～4 个橡胶轮构成（图 3-46）。也有的直接在吹蜂机下方装配轮子，或将吹蜂机装置在带轮的支架上构成。手推式吹蜂机设计有轮子可手推移位，减轻操作者的劳动强度。

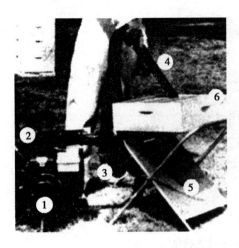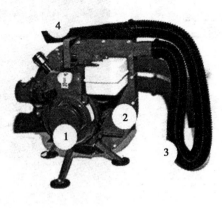

图 3 - 44　吹蜂机

1. 汽油机；2. 鼓风机；3. 输气管；4. 喷嘴；5. 继箱支架；6. 蜜继箱

图 3 - 45　背负式吹蜂机

（二）割蜜盖器械

割蜜盖器械是蜂蜜采收生产中不可缺少的工具之一。在脱除蜜脾上的蜜蜂后，要借助某种割蜜盖器具或机械把蜜脾上的蜡盖切除，再送往分蜜机分离蜂蜜。目前，割蜜盖的器械主要有割蜜刀和割蜜盖机两大类型。

1. 割蜜刀

割蜜刀是一种用于切除蜜脾蜡盖的工具，有普通割蜜刀、蒸汽割蜜刀和电割蜜刀三种。

图 3 –46 手推式吹蜂机

（1）普通割蜜刀

通常采用不锈钢制成，刀身长约 250mm、宽 35～50mm、厚 1～2mm（图 3–47）。

图 3 –47 普通割蜜刀

（2）蒸汽割蜜刀

由刀具、蒸汽导管和蒸汽发生器组成（图 3–48）。刀具的刀身采用不锈钢制成，长 250mm、宽 50mm。身为重壁结构，内腔纵向隔成两室，在近刀尖处两室相通以通蒸汽；内腔各室近刀柄处分别引一条小管经刀柄末端导出，或从刀背近刀柄部导出，以作蒸汽进出口。也有的在普通刀背上纵焊一个"U"形不锈钢管代替重壁结构导入蒸汽加热刀身。蒸汽导管采用耐热橡胶管，共 2 条，一条用于把蒸汽发生器产生的蒸汽导入刀身，另一条用于把循环过刀身的蒸汽导出。蒸汽发生器内装清水，置于热源上加热并持续产生蒸汽，供加热刀身。

（3）电割蜜刀

采用不锈钢制成。刀身长约 250mm、宽约 50mm，双刃锋利；重壁结构，内腔装置 120～400W 的电热丝，以通电加热刀身。有的刀身内还装有微型控温装置，以在工作时把刀身的温度控制在 70～80℃。

图 3－48　蒸汽割蜜刀

2. 割蜜盖机

割蜜盖机是用于切除蜜脾蜡盖的机具，是养蜂生产机械化取蜜作业中不可缺少的机具之一。1908 年美国的 Bayless Wm L 发明了第一台割蜜盖机，1923 年加拿大的 Hodgson W A 研制出第一台电动割蜜盖机，从此割蜜盖实现了机械化。其后，尤其 20 世纪 80 年代以来，出现了单刀割蜜盖机、双刀自动割蜜盖机、旋刀式割蜜盖机、排针式割蜜盖机、链式割蜜盖机和整箱式割蜜盖机等多种多样的割蜜盖机。

我国在割蜜盖机方面的研究也有所进展。20 世纪 80 年代初，中国农业科学院蜜蜂研究所研制出了一种单刀割蜜盖机（图 3－49），2007 年福建农林大学蜂学学院方文富研制出 FWF 型电动双刀割蜜盖机（图 3－50）。

（1）单刀割蜜盖机

单刀割蜜盖机由刀片、转动装置和支架构成（图 3－49）。刀片 1 把，竖立或水平装置；刀口呈锯齿状；刀身有的为夹层结构并采用蒸汽、热水或电热元件加热，有的则为类似锯片的薄片结构；转动装置主要由电动机和把圆周运动变为直线运动的偏心轮等部件构成，使割蜜盖机工作时刀片在纵长方向上以 12～16mm 的摆幅，每分钟摆动 800～1 000 次切割蜜盖。

采用这种割蜜盖机割蜜盖，当机上的刀片竖立装置时，手扶蜜脾把蜜脾靠在护板上，朝刀片的方向轻推，上下摆动的刀片即可将蜜脾的蜡盖割除；当机上的刀片水平装置时，只要手持蜜脾，把脾面靠在刀片上借助蜜脾的自重让蜜脾自然下降，高速摆动的刀片即可把蜜盖割下。单刀割蜜盖机每次只能切除蜜脾一面的蜜盖，每小时约可切割 150 个蜜脾。

图 3 – 49 单刀割蜜盖机
1. 电动机；2. 偏心轮；3. 刀片；4. 机架

图 3 – 50 FWF 型电动双刀割蜜盖机

（2）双刀割蜜盖机

FWF 型电动双刀割蜜盖机主要由机身、刀片、蜜脾进刀框架、蜜脾夹架、电动装置和蜜盖盘构成（图3-50）。

机身采用不锈钢板制成，具漏斗形下口，以便割下的蜜盖落入其下方的蜜盖盘中；上口设计有一个矩形框架，用于装置蜜脾进刀框架。蜜脾进刀框架采用不锈钢制成，其下部设计有固定蜜脾的蜜脾夹架，切割蜜盖时用于将蜜脾送到割蜜盖刀片之间切割蜜盖。蜜脾进刀框架上端通过橡皮与机身的矩形框架横杆连接形成回拉结构，以在蜜脾切割后退刀时协助回拉蜜脾进刀框架。蜜脾夹架由蜜脾固定槽和蜜脾固紧锁扣构成，装置在蜜脾进刀框架下部的两内侧，用于固定蜜脾。刀片2片，采用不锈钢制成，分设在蜜脾进刀框架两侧，呈"八"字形方位装置，刀口向蜜脾进刀框架倾斜，工作时由电动装置带动作切割动作；刀口呈钝锯齿状，刀锋锋利，便于切割蜜脾蜡盖。电动装置由2台曲线锯构成，分别作为2个刀片的动力，割蜜盖机工作驱动刀片作切割动作。蜜盖盘由蜜盖篮和承蜜盘构成，均采用不锈钢制成。蜜盖盘置于机身的漏斗形下口下方，用于承接割蜜盖时落下的蜡盖和蜜滴。

采用这种割蜜盖机切割蜜脾蜡盖时，将蜜脾的边框插入蜜脾夹具的蜜脾固定槽内，扣上蜜脾固紧锁扣将蜜脾固定住。闭合割蜜盖机电源启动电动曲线锯，刀片做往复切割动作。随后，手动下压蜜脾进刀框架使夹在蜜脾夹具的蜜脾徐徐下行，蜜脾下行经过在作切割动作的刀片时两面的蜡盖即同时被割除。割下的蜡盖下落于机身下方蜜盖盘的蜜盖篮中，蜡盖上的蜂蜜通过蜜盖篮底部的孔眼滴落到其下的承蜜盘中。蜜脾蜡盖切割完毕，轻轻向上提拉蜜脾进刀框架，连同其上已割除蜡盖的蜜脾一同上移至初始工作位置，卸下已割除蜡盖的蜜脾即可进行下一个蜜脾蜡盖的切割工作。

（三）蜜蜡分离器械

在采收蜂蜜割蜜盖过程中，从蜜脾上割下的蜡盖上往往黏附有许多蜂蜜，为了回收这些蜂蜜，通常要借助蜜蜡分离器械把它从蜡盖中分离出来。

过滤式蜜蜡分离器系借助某些网状结构的容器盛装黏附有蜂蜜的蜡盖，利用重力作用让蜜滴落于网状容器下方的盛蜜容器中，从而把蜡盖上的蜂蜜分离出来的一类器具。这类蜜蜡分离器大都与割蜜盖台设计在一起，结构简单，造价较低，分离出来的蜂蜜质量不变，但蜜蜡分离不彻底，经分离后的蜡盖上还黏附有较多的蜂蜜，必须再采用其他类型的蜜蜡分离器械进一步处理。

1. 蜜盖过滤器

采用不锈钢制成，呈圆盘形，直径约500mm。器底呈倒圆锥台形，底部中央有一直径 150mm 的圆形纱网底；器的上口横放一个"H"形的蜜脾撑架，用于割蜜盖时支撑蜜脾。使用时，叠于一个比其直径略小的盛蜜容器上面，切割下来的蜜盖落在其中，蜜盖上的蜂蜜通过器底的纱网滴入其下方的盛蜜容器。这种蜜蜡分离器结构简单，适于小型蜂场和业余蜂场使用。

　　2. 割蜜盖桶

　　由外桶、蜜盖篮和蜜脾撑架构成（图 3 - 51）。外桶呈倒圆锥台形，上口直径 400mm、高 200mm，采用不锈钢制成，用于承接蜜盖篮中蜜盖滴下的蜂蜜。蜜盖篮采用每厘米 3 目的不锈钢纱网制成，呈倒圆锥台形，比外桶略小，其上口沿外侧的骨架上设计有挂钩，用于将蜜盖篮挂在外桶上口，套在外桶内使用。蜜脾撑架采用木材制成，蜜脾可靠在其上切割蜜盖。这种割蜜盖桶结构简单，适于小型蜂场和业余蜂场使用。

图 3 - 51　割蜜盖桶

（引自 The ABC and XYZ of Bee Culture，Root A I，1980）

1. 蜜脾撑架；2. 蜜盖篮；3. 外桶

（四）分蜜机

　　分蜜机是利用离心力把蜜脾中的蜂蜜分离出来的机具，是新法养蜂生产的三大蜂具之一。采用分蜜机分离蜂蜜，不但能使有价值的巢脾得到重复利用，提高巢脾的周转率，使蜂蜜的产量剧增，而且生产的分离蜜洁净，质量高。

　　1. 分蜜机的基本构造

　　分蜜机通常都由机桶、蜜脾转架、转动装置和桶盖等部件构成（图 3 - 52）。

（1）机桶

机桶通常采用不锈钢制成，也有的采用无毒塑料制成，用于承接分离出来的蜂蜜。中、小型分蜜机的机桶大都呈圆柱形；桶底常设计成圆锥形，以提高桶底的强度和便于桶中的蜂蜜导出；桶壁下部通常设计有出蜜口，以在分离蜂蜜过程中不断将桶底的蜂蜜导出，使分离蜂蜜工作得以连续进行。

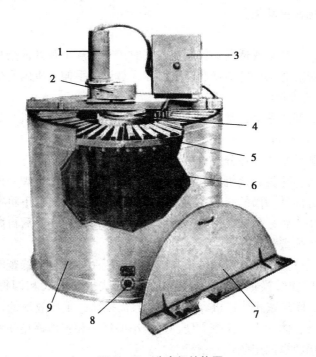

图 3 - 52　分蜜机结构图

（引自 The ABC and XYZ of Bee Culture，Root A I，1980）

1. 电动机；2. 变速轮；3. 定时和控速装置；4. 刹车装置 5. 巢框；
6. 蜜脾转架；7. 桶盖；8. 出蜜口；9. 机桶

（2）蜜脾转架

蜜脾转架采用不锈钢制成，框架结构，呈圆柱形或棱柱形，分离蜂蜜时用于装蜜脾并带动蜜脾一道作离心运动，使蜜脾上的蜂蜜分离出来。它的结构随分蜜机的类型不同而异，有的设计有通长中轴，有的则无中轴；有的蜜脾转架与脾篮设计成一体，有的则分开设计。

（3）转动装置

转动装置通常由手摇柄（或电动机）、变速齿轮和滚珠轴承构成，用于驱动蜜脾转架。手摇分蜜机的变速齿轮通常由主动轮与被动轮的转速比为1∶3的伞形齿轮构成。滚珠轴承通常设计在分蜜机各个转轴上，用以减少转轴的转动阻力和磨损。此外，有的分蜜机还装置有脾篮的换面装置、动轮的离合装置和刹车装置，用于自动翻转脾篮，使篮内蜜脾换面；还有的装置有定时和速度控制装置，控制分离蜂蜜的时间和蜜脾转架的转速，使分蜜机更趋于机械化，自动化。

（4）桶盖

桶盖采用不锈钢或透明塑料制成，平时用于防灰尘及其他杂物落入分蜜机中，分离蜂蜜时用于防盗蜂和防止操作人员误将手伸入机内发生事故。

2. 分蜜机的种类

分蜜机的型式繁多，常见的有弦式分蜜机和辐射式分蜜机两类。

（1）弦式分蜜机

弦式分蜜机系蜜脾在分蜜机中，脾面和上梁均与中轴平行，呈弦状排列的一类分蜜机。这类分蜜机因其蜜脾呈弦状排列，所以，蜜脾一面的蜂蜜分离后须翻转分离另一面的蜂蜜。通常作法是先在较低的转速下将蜜脾一面的蜂蜜分离出 2/3 后，翻转换面将另一面的蜂蜜分离干净，然后再翻转将第一面剩下的 1/3 蜂蜜分离出来。

固定弦式分蜜机，其蜜脾转架与脾篮设计成一体，分离蜂蜜时必须将蜜脾提出分蜜机翻转换面。这种分蜜机有两框式、三框式和四框式的多种（图 3 - 53）。固定弦式分蜜机容脾量少，且需换面，生产效率低，但其结构简单、造价低、体积小，携带方便，适于小型蜂场和转地蜂场使用。我国的养蜂场均采用两框固定弦式分蜜机。

活转弦式分蜜机蜜脾转架与脾篮分开设计，脾篮靠转轴或铰链装置在蜜脾转架上，可以通过人工或机械左右翻转，蜜脾可随脾篮翻转而换面。因此，这类分蜜机的工作效率比固定弦式分蜜机的高，但其构造较复杂，机身体积较大，造价较高（图 3 - 54）。

（2）辐射式分蜜机

辐射式分蜜机系蜜脾在分蜜机中，脾面位于中轴所在的平面上，下梁朝向并平行于中轴，呈车轮的辐条状排列的一类分蜜机（图 3 - 55）。这类分蜜机蜜脾呈车轮的辐条状排列，蜜脾两面的蜂蜜能同时分离出来，无需换面。

辐射式分蜜机有 8～120 框式等多种型式，大都采用电动机驱动，有的还配置有转速控制装置和时间控制装置。而蜜脾转架结构简单，通常设计成具有固定蜜脾的凸出结构或槽口的框架结构，也有的框架采用不锈圆钢弯折而成。

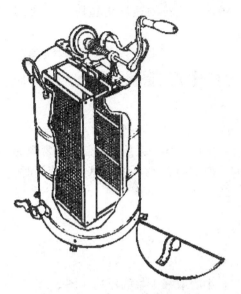

图3-53 两框固定弦式分蜜机

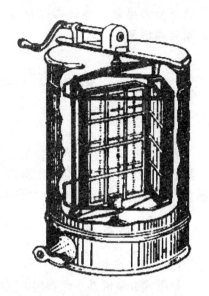

图3-54 两框手动活转弦式分蜜机

图3-55 辐射式分蜜机

辐射式分蜜机采用的电动机其功率大小视分蜜机容纳的框数而定。一般20~30框式的采用的电动机功率为186W，40~60框式的采用的电动机功率约为370W，60框式以上的采用的电动机功率为560W。蜜脾转架的转速通常每分钟250~350转。每次分离蜂蜜的时间约需12~

15min。在分离蜂蜜过程中，开始时以较低的转速启动，其后转速随着蜜脾上蜂蜜被分离增多而逐渐自动加快，约5min后可将蜜脾上约3/4的蜂蜜分离出来，然后再以每分钟250～350转的速度将蜜脾中残留的蜂蜜分离出来。

第四节　蜂王浆生产器械

一、产浆框

产浆框系用于安装人工台基生产蜂王浆的框架，采用杉木制成。常规的产浆框，其大小和结构与育王框的相同，但框内有3～4条台基条。使用时，通常每条台基条安装25～30个台基。

二、机械取浆机具

1. 抽吸式取浆机具

抽吸式取浆机是一种利用负压从王台中吸取蜂王浆的器具（图3－56）。它主要由抽气装置、负压瓶、吸浆头、输气管和输浆管等部件组成。吸浆时，抽气装置不断地把负压瓶中的空气抽出，使瓶内形成一定的负压，这样当与负压瓶相连的吸浆头插入王台时，蜂王浆即被吸入吸浆头内，并顺着输浆管集中于集浆瓶中。

图3－56　产浆框

电动真空吸浆器由器体、电动真空泵、负压瓶、输浆管、吸浆头和王浆过滤器组成（图3－57）。

图 3 - 57　电动真空吸浆器

1. 器体；2. 负压瓶；3. 王浆过滤器；4. 输浆管；5. 吸浆头；
6. 橡胶环；7. 抽气管；8. 塑料环

器体采用金属板制成，长 300mm、宽 300mm、高 165mm。其内装置有电动真空泵；上顶中心部分有一橡胶环，以与负压瓶紧密配合；前向侧板上装置有指示灯和电源开关。电动真空泵由微型抽气机构成，真空度可达到 600mm 水银柱。真空泵的抽气管穿过器体顶板，开口于橡胶环内，用于工作时抽出负压瓶内的空气，使瓶内保持一定的负压。负压瓶呈圆柱形，直径 170mm、高 270mm。其下口沿套有一个塑料环，以使负压瓶与器体顶板的橡胶环紧密相接；顶部中央装有一个王浆过滤器，过滤器的王浆出口管道直径 10mm、长 750mm，伸入瓶内。负压瓶瓶内中央放置一个贮浆瓶，用于收集从王浆过滤器出口吸进的蜂王浆。导浆管采用透明塑料管，用于把吸入的王浆导入王浆过滤器。吸浆头采用直径 6mm，长 100mm 的玻璃管，通过导浆管与王浆过滤器相连。王浆过滤器圆柱形，直径 67mm，高 45mm。其内有一个每厘米 40 目的尼龙过滤网，用于过滤吸进的蜂王浆。

2. 离心式取浆机

离心式取浆机系利用离心力把王台内的蜂王浆分离出来的机具。其分离蜂王浆的原理与分蜜机分离蜂蜜的原理相同。

FWF 型电动蜂王浆分离机系福建农林大学蜂学学院方文富于 1994 年研制的，它由机桶、浆条转篮、浆条压板、蜂王幼虫分离篮、横梁、转动装置和桶盖构成（图 3 - 58）。这种蜂王浆分离机采用不锈钢制成；机桶桶底自后向前倾斜，桶前向底部有一出浆口，以便导出蜂王浆；浆条转篮每次可承装 40 条产浆条；蜂王幼虫分离篮采用不锈钢纱网制成，用于将蜂王浆与蜂王幼虫的混合物中的蜂王幼虫分离出来，工作时其与浆条转篮同步运转；转动装置主要由 250W 的电动机和其他传动部件构成，装置在分离机下部，用于带动浆条转篮和蜂王幼虫分离篮以每分钟 1 800 ~ 1 900 转的转速分离蜂王浆和蜂王幼虫。

图 3 - 58　FWF 型电动蜂王浆分离机主要部件
1. 浆条转篮；2. 蜂王幼虫分离篮；3. 产浆条

使用时，卸下分离机的上梁，取出浆条转篮，把已切除王台上部蜂蜡台基壁的产浆条装入浆条转篮，随即重新装好浆条转篮和横梁。然后接通电动机电源，电动机驱动浆条转篮和蜂王幼虫分离篮高速旋转，达到一定转速时王台内的蜂王浆和蜂王幼虫即被分离出来。分离出的蜂王浆被甩至桶内壁后汇集于桶底，从出浆口导入贮浆容器；而蜂王幼虫则被截留在蜂王幼虫分离篮中，至一定量时卸下分离篮取出。

第五节　蜂花粉生产器械

蜂花粉生产器械主要有蜂花粉采集器、蜂花粉干燥器和蜂花粉净化器械等。

一、蜂花粉采集器

蜂花粉采集器系用于截留工蜂采粉归巢所携带的花粉团的器具。它装置在蜂箱的相应位置上，采集花粉的工蜂穿过采集器的脱粉板时，其后足携带花粉团即被刮下，落入采集器的集粉盒集中采收。蜂花粉采集器按其使用时装置在蜂箱上的方位，大体可分为巢前式蜂花粉采集器、箱底式蜂花粉采集器、继箱式蜂花粉采集器和箱顶式蜂花粉采集器四个类型。

1. 巢前式蜂花粉采集器

巢前式蜂花粉采集器较常见的是置于巢门上使用的巢门蜂花粉采集器，也有悬挂在巢箱与继箱之间的悬挂式蜂花粉采集器。这类蜂花粉采集器具有体积较小，使用方便，采收的蜂花粉较洁净等优点，但其脱粉板面积小，巢门前常常拥塞，影响蜜蜂进出蜂巢，适用于小量采收蜂花粉。

FJ-3型全塑蜂花粉采集器系中国农业科学院蜜蜂研究所于1983年研制的，由脱粉板、落粉栅、雄蜂出口、集粉盒和顶罩等部件组配而成（图3-59）。脱粉板采用乳白色的无毒塑料注塑而成，大小为168mm×53mm；脱粉孔圆形，直径为5~5.1mm，各排脱粉孔之间设计有加强条，既可提高脱粉板的强度，又便于蜜蜂通过脱粉孔。落粉栅采用乳白色的无毒塑料注塑而成，槽孔的宽度为3mm，装置在集粉盒上方，用于阻止蜜蜂进入集粉盒。雄蜂出口由单孔波特脱蜂器构成，装置在脱粉板的一侧。集粉盒采用浅绿色的无毒塑料注塑而成，用于承接被脱粉板截留而落下的花粉团。顶罩采用浅绿色或土黄色的无毒塑料注塑而成，其下部插在集粉盒上部两侧的槽内，构成蜜蜂进出蜂花粉采集器的通道。

图3-59 FJ-3型全塑蜂花粉采集器

2. 箱底式蜂花粉采集器

箱底式蜂花粉采集器型式多种，大多用于活底蜂箱，使用时取代活动底板的位置。这类蜂花粉采集器具有蜂箱巢门位置不变、脱粉板面积大、蜜蜂进出蜂箱便利、蜂箱巢门不会出现混乱现象等优点。

箱底式蜂花粉采集器由器体、脱粉屉、雄蜂出口和集粉屉组成（图3-

60）。器体采用厚度为20mm 的木板制成，其长和宽与蜂箱箱体的相同，高度为130mm。箱体的前向开设有蜜蜂进入采集器的入口，并设计有蜜蜂踏板；箱体的内部钉有木条滑道，供脱粉屉和集粉屉从器体的后向插入。脱粉屉由脱粉板和落粉网装置在屉框内构成。屉框采用木板制成，前框板上有一宽度为10mm 的槽孔，其与器体前壁的蜜蜂入口相对，作为蜜蜂进入采集器的通道。脱粉板采用双层每厘米2目的金属纱网钉在木框上制成，两层纱网间隔6mm，网眼相互交错1/3孔；落粉网采用每厘米2.8目的金属纱网钉在木框上制成，其上面钉有两根木条，使脱粉网与落粉网之间保持一定间隔和便于蜜蜂归巢攀附脱粉板进入蜂箱。在脱粉屉内，脱粉板与落粉网之间间隔10mm。雄蜂出口由单孔波特脱蜂器构成，装置在前向壁板上沿。集粉屉采用木板制成，使用时插入器内下部。

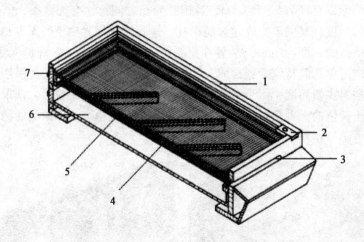

图3－60　箱底式蜂花粉采集器

（引自 Amer. Bee Jour.，Waller D G，1980）

1. 器体；2. 雄蜂出口；3. 采集器巢门；4. 脱粉板；5. 落粉网；6. 集粉屉；7. 脱粉屉

3. 继箱式蜂花粉采集器

继箱工式蜂花粉采集器由器体、脱粉框、挡板和集粉屉构成（图3－61）。器体采用普通继箱箱体改制而成，高152mm；器体前壁设计有自由飞翔巢门（采粉时关闭）、采集器巢门（采粉时启开）和蜜蜂出口管（直径12.7mm，长57mm）；器体内两侧壁上部各钉有一条木条，用于承架脱粉框；器体内前下部有一个由水平挡板和竖向挡板组成的蜜蜂通道，收集器下方的蜜蜂由此通道，经蜜蜂出口管出巢；器体内后部通过一块竖向挡板隔出一个蜜蜂通道，供蜂箱内的蜜蜂相互贯通；器体内前部蜜蜂通道的竖向挡板和后部挡板上分别钉有一条木条，作为集粉屉插入器内的导轨；两挡板采用每厘米3.2目的金属纱网作底，以利采集器底部通风。脱粉框由脱粉网和落粉网装置在木框上构成，后部采用每厘米2.8目的金属纱网封闭，以防蜜蜂从该处进入蜂箱。采粉时，脱粉框放在器内侧壁的两木条上。脱粉网采用双层每厘米2目的金属纱网钉在木框顶板上构成，两层纱网间隔6mm，网眼相互交错1/3孔；落粉网采用每厘米2.8目的金属纱网钉在木框的底部构成。挡板由一块薄板嵌装在一个长和宽与器体外围相同的框内而成，用于承接采集器上方蜂巢落下的杂物；挡板框内前部和后部都留有蜜蜂通道，前部通道供继箱的蜜蜂出巢，后部通道供蜜蜂进入蜂箱，同时与器体后部的蜜蜂通道配合，使采集器上下方箱体的蜜蜂能贯通；薄板板面与框条所形成的平面之间间距为一个蜂路距离（6mm）。集粉屉由底部钉有纱网的屉框构成，两个侧框设计有滑槽，以与器体的集粉屉导轨配合，便于插入器体内。

4. 箱顶式蜂花粉采集器

箱顶式蜂花粉采集器由器体、脱粉板、落粉网、集粉屉和盖板构成（图3-62）。器体采用木板制成，长和宽与蜂箱箱体相同；器体前向敞开，供蜜蜂进入；左侧壁开设集粉屉插孔；底部除后部留出蜜蜂通道外，中、前部均采用木板作底。器内底板的前、后部分别设计有倾斜的蜜蜂踏板，便于蜜蜂通过脱粉板。脱粉板采用金属板冲孔而成。落粉网采用每厘米2.8目的金属纱网制成，装置在器内前、后两蜜蜂踏板上。集粉屉采用木板制成，从器体的左侧插入器内。盖板采用薄木板制成，用于盖住器体的中后部。

二、蜂花粉干燥器

新采收的蜂花粉含水量达15%～20%，若不及时干燥容易发生霉变，影响蜂花粉质量，甚至造成损失。采用合适的蜂花粉干燥器可及时有效地干燥所采收的蜂花粉，保证所生产蜂花粉的质量。

1. 普通电热蜂花粉干燥器

微型电热蜂花粉干燥器为层叠式的，呈圆柱形，直径310mm，总高225mm。全器由器底、花粉盘、叶片、电热装置和控温装置构成（图3-63）。器底高220mm，内由一具孔的层板分隔成上、下两室，上室用于装置叶片和供叠放花粉盘，下室用于安装电热装置和控温装置。花粉盘两个，呈圆柱形，高40mm；盘壁采用金属板制成，底部采用细不锈钢纱网制成，使用时先在盘底铺上一块细尼龙纱网，再铺上蜂花粉。叶片直径280mm，采

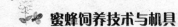

蜜蜂饲养技术与机具

用铝板制成，装在器底内中央凸出的中轴上。它可在加热后上升的空气推动下转动，从而使器内的热气均匀分布。电热装置功率300W，可进行四个档次的选择。控温装置由双金属片温控器构成，装在器体下部小室内，用于把干燥器的工作温度控制在40~45℃。

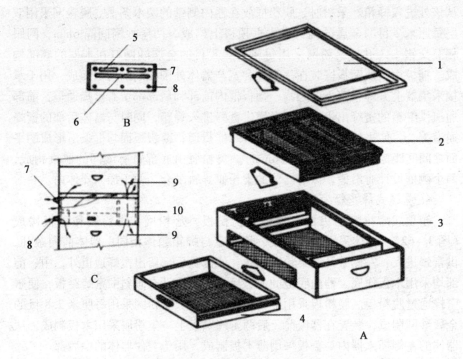

图3-61 继箱式蜂花粉采集器

A. 采集器分解图；B. 采集器器体前板；C. 采集器使用情况及蜜蜂在器内运动情况
1. 挡板；2. 脱粉框；3. 器体；4. 集粉屉；5. 自由飞翔巢门；
6. 采集器巢门；7. 上出口；8. 下出口；9. 蜂箱箱体；10. 采集器

　　福建农林大学蜂学学院方文富教授研制的 DHG-1 型电热蜂花粉干燥器，由器体、花粉盘、电热装置和控温装置构成（图3-64）。器体采用厚度为1mm 的铝板制成，长430mm、宽310mm、高370mm；上部体壁均设计有排湿气孔，并在一个侧壁设计有一个供插温度计的圆孔，插入温度计，可随时观察器内工作温度；器体内下部由一具孔的隔板隔出一个小室，供安装电热装置和控温装置。花粉盘5个，盘的边框采用20mm×20mm 的角铝制成，盘底采用每厘米40目（每英寸100目）的尼龙绢布和每厘米2目的金属纱网制成。每个花粉盘可容蜂花粉0.5~0.6kg。电热装置采用300W 的电

· 74 ·

热丝，呈蛇形装在器体小室内。控温装置采用闪动式双金属片温控器，装在器体下部小室内，用于把干燥器的工作温度自动控制在 40 ~ 45℃。

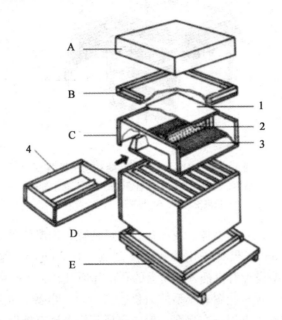

图3－62 样箱顶式蜂花粉采集器

（引自 Le Api，Celli G，1983）

A. 箱盖；B. 副盖；C. 箱顶式蜂花粉采集器；D. 巢箱；E. 活动底板

1. 脱蜂器盖板；2. 脱粉板；3. 落粉网；4. 集粉屉

图3－63 意大利的一种微型电热蜂花粉干燥器

1. 调温旋钮；2. 器底；3. 花粉盘；4. 叶片

2. 远红外电热蜂花粉干燥器

远红外花粉干燥器主要有远红外花粉干燥箱和传送带式远红外花粉干燥

器两种。

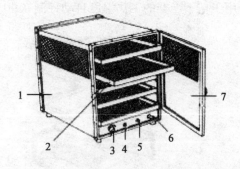

图 3 - 64 DHG - 1 型电热蜂花粉干燥器
1. 器体；2. 花粉盘；3. 调温旋钮；4. 工作指示灯；
5. 控温指示灯；6. 电源开关；7. 器门

远红外花粉干燥箱由器体、花粉盘、电热装置、控温装置和鼓风机等部件构成（图 3 - 65）。器体采用镀锌铁皮制成，长 380mm、宽 340mm、高 460mm。器的前壁设计有供插入花粉盘的孔口和通气孔；后壁可以启开，以便于器具的保养；顶板装置有小型鼓风机、指示灯、电源开关和调温旋钮；器内两侧壁采用铁纱夹以棉布保温；后向和顶部均设计有挡板，其与后壁和顶板之间形成各花粉盘间独立的排风道，以便各自排除湿气。花粉盘 4 个，其盘框采用镀锌铁皮制成，盘底采用铁纱制成，使用时，在盘底先铺一块白色棉布，再铺上蜂花粉；各个花粉盘的前向盘框上均设计有供插入温度计的小孔，以插入温度计观察器内的温度。电热装置为两层采用电远红外加热片组成的电热器；分别装置在上部两花粉盘之间和下部两花粉盘之间，分别同时对上下两个花粉盘内的蜂花粉加热。控温装置采用双金属片温控器构成，装置在器体顶板上，用于把干燥器的工作温度自动控制在 40～45℃。鼓风机采用小型鼓风机构成，装置在器体顶板中央，用于加速排出器内的湿气。

传送带式远红外蜂花粉干燥器主要由转动带、进料漏斗、远红外灯电热器和蜂花粉容器组成（图 3 - 66）。转动带由传送带和转动辊组成。传送带宽度为 600mm，工作时蜂花粉从进料漏斗落至带上，在运行中进行干燥。转动辊 2 个，中心距为 2m，由电动机驱动，带动传送带，以每小时 200mm 的速度运行。进料漏斗采用不锈钢板制成，装在转动带的一端上方，其下部有一个宽度为 5mm 的蜂花粉出口，待干燥的蜂花粉就从此出口徐徐落至传送带上送至干燥。远红外灯电热器由 16 只功率为 250W 远红外灯组成，分成两排与传送带平行装在传送带正上方、距传送带 200mm 处。蜂花粉容器采用不锈钢板制成，放在传送带干燥的蜂花粉输出端的下方，用于承接干燥的蜂花粉。

图 3-65　YHG-1 型远红外花粉干燥箱

1. 小型鼓风机；2. 器体；3. 花粉盘；4. 花粉盘；5. 调温旋钮

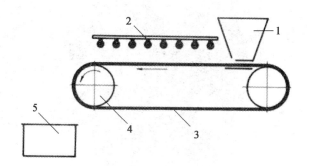

图 3-66　传送带式远红外蜂花粉干燥器结构示意图

（引自 Le Api，Celli G，1983）

1. 进料漏斗；2. 远红外灯电热器；3. 传动带；4. 转动辊；5. 蜂花粉容器

三、蜂花粉净化器械

蜂花粉净化机由机架、原料漏斗、顶层筛网、鼓风机、底层筛盘和电动装置组成（图 3-67）。机架采用木板制成。原料漏斗采用木板制成，用于装待净化的蜂花粉，底部有一个可调节的蜂花粉出口，用于控制净化蜂花粉的速率。顶层筛盘由一块不锈钢纱网水平装在矩形木盘中而成，用于除去蜂花粉中体积比蜂花粉大的杂质；筛盘上部较低端有一个侧向杂质出口，用于导出筛出的杂质；下部有一个蜂花粉出口，用于把通过顶层筛盘的蜂花粉导入鼓风机。鼓风机圆柱形机身内有一个具鼓风叶片的转子，用于扬除蜂花粉中较轻的杂质，其风道与顶层筛盘蜂花粉出口相应处有一个蜂花粉通道，以让顶层筛盘的蜂花粉落下，穿过鼓风机至底层筛盘。底层筛盘由两层不锈钢纱网水平装在矩形木盘内而成。上层纱网网眼较大，用于根据体积大小对蜂花粉进行分级，下层纱网网眼较小，用于筛出细小的杂质和花粉团。筛盘的侧向有一个蜂花粉出口，用于导出体积较大的蜂花粉；前向有两个出口，上出口为蜂花粉出口，用于导出相对较小的蜂花粉，下出口为杂质出口，用于导出细小的杂质和花粉团。电动装置由电动机、传动轮、传动带和凸轮传动杆组成。电动机两台，其中，一台可调速，用于带动鼓风机转子鼓风；另一台用于带动凸轮传动杆，从而带动两个筛盘筛动。凸轮传动杆用于将圆周运动变成直线运动，使两个筛盘作直线摆动。

图 3-67　蜂花粉净化机

（引自 Amer. Bee Jour. , Iannuzzi J, 1984）

1. 原料漏斗；2. 顶层筛盘；3. 机架；4. 电动机；5. 电动机；6. 鼓风机；7. 底层筛盘

第六节　蜂蜡生产器械

蜂蜡采收器具主要有采蜡框、日光熔蜡器、蒸汽熔蜡器和榨蜡器等。

一、采蜡框

采蜡框系用于生产蜂蜡的框架。采用采蜡框生产蜂蜡,不但可以增加蜂蜡的产量,而且可以提高蜂蜡的质量。采蜡框一般采用普通巢框改制而成。改制的方法,一是把普通巢框的上梁拆下,在框内上部 1/2 处钉一横木,并在两侧条上端部各钉一铁片作框耳,上梁架放在框耳上(图 3 - 68);二是在普通巢框内的中部钉上一横木,把巢框分成上下两部分。

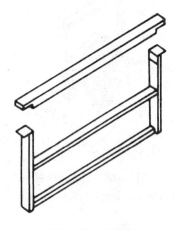

图 3 - 68　采蜡框

二、日光熔蜡器

日光熔蜡器系利用太阳能提取蜂蜡的器具。它提取蜂蜡省力省工,提取的蜂蜡颜色浅、质量好,并且器内的高温还能杀死蜂蜡中孢子虫的孢子、阿米巴的孢囊和蜂蝇、蜡螟、巢虫、蜂螨等蜜蜂病虫。日光熔蜡器提取蜂蜡的出蜡率在 50% ~ 75%,因此,蜡渣应再采用其他蜂蜡提取设备作进一步处理。

日光熔蜡器由器体、接蜡盘、蜂蜡原料搁架、蜡容器、器盖和支架构成(图 3 - 69)。器体采用衫木或铁板制成,内部涂白漆,使射入器内的太阳光均反射至蜂蜡原料上;外部涂黑漆,以利吸收太阳光能。器体通常制作严密,以减少箱内外空气对流,防止箱内热量散失。接蜡盘采用不锈钢板制作,用于承接蜂蜡原料受热后滴下的液蜡;其前向有一个出蜡口,用于把盘中的液蜡导入其下的蜡容器内。蜂蜡原料搁架采用硬质不锈钢纱网制成,放在接蜡盘内，用于铺放蜂蜡原料。蜡容器采用不锈钢板制成，用于承接提取的蜂蜡。器盖采用双层玻璃嵌装于木框或铁框内而成；双层玻璃夹层间隔约6～10mm，以空气隔热防止器内的热通过玻璃传导出去而散失；器盖与器体接合严密，以减少箱内、外空气对流，防止箱内热量散失。支架采用衫木或金属制成，用于将器体支离地面和使器体保持一定的倾斜度，以让太阳光直射入器内。

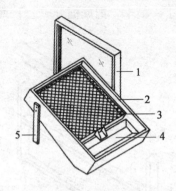

图 3 - 69   日光熔蜡器

1. 器盖；2. 器体；3. 蜂蜡原料搁架；4. 蜡容器；5. 支架

三、蒸汽熔蜡锅

蒸汽熔蜡锅系利用蒸汽热提取蜂蜡的器具。它提取蜂蜡的出蜡率可达70%，但费用较高。目前，蒸汽熔蜡锅的形式较多，按其结构大体可分为双重式蒸汽熔蜡锅和高压蒸汽熔蜡锅两类。

1. 双重式蒸汽熔蜡锅

简易蒸汽熔蜡锅由外锅、内锅、原料篮和锅盖构成（图 3 - 70）。内锅、外锅均呈圆柱形，采用不锈钢制作。内锅上部的锅壁设计有供导入蒸汽的蒸汽通孔；下部有一出蜡口，从外锅的侧壁穿出，用于导出提炼出的蜂蜡。原料篮采用不锈钢纱网制成，用于装蜂蜡原料，熔蜡时装置在内锅中。锅盖采用不锈钢板制成。

2. 高压蒸汽熔蜡锅

高压蒸汽熔蜡锅也由外锅、内锅、原料篮和锅盖构成（图 3 - 71）。外锅采用不锈钢制成，呈圆柱形，直径530mm，高630mm。其下部有一排水口，用于工作结束时排除夹层内的水。内锅采用不锈钢制成，呈圆柱形，直径 465mm，高 465mm。其底为倒圆锥形，中央有一出蜡口穿过外锅壁伸出，用于导出内锅提炼出的蜂蜡。原料篮篮体采用冲孔的不锈钢板制成，呈圆柱形，直径 455mm，高 150mm，配有两个长度为 370mm 的提手。锅盖采用不锈钢制成，配有压紧横梁，以在工作时锁紧锅盖。

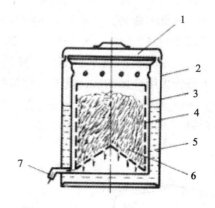

图 3 - 70　简易蒸汽熔蜡锅

1. 锅盖；2. 外锅；3. 内锅；4. 原料篮；
5. 清水；6. 蜂蜡原料；7. 出蜡口

四、榨蜡器

榨蜡器系利用压力从含蜂蜡的热原料中提取蜂蜡的器具。它除了用于直接提取蜂蜡原料中的蜂蜡外，还可用于进一步提取日光熔蜡器或蒸汽熔蜡器剩下的蜡渣中的蜂蜡。采用榨蜡器提取蜂蜡的出蜡率和效率都较高，但提取的蜂蜡颜色较深。

1. 杠杆榨蜡器

杠杆式榨蜡器系利用杠杆原理施压的榨蜡器。它具有结构简单、可自制等优点，但提取蜂蜡的出蜡率和效率比螺杆榨蜡器和液压榨蜡器的低，仅适于小蜂场使用。

杠杆式榨蜡器由两根方形木和一个铰链（或一段自行车外胎）构成（图 3 - 72）。榨蜡时，趁热把煮烂的蜂蜡原料（如旧巢脾）装入一个小麻袋中，绑牢袋口。随即两只手各持榨蜡器夹辊的一端，张开夹辊夹起装有蜂蜡原料的小麻袋，在接蜡容器上方用力夹压麻袋中的蜂蜡原料，把蜂蜡原料中的蜡液挤压出来。在夹压过程中，要经常变换夹压蜂蜡原料的位置，使袋中的蜂蜡原料都能受到挤压。当袋内的蜂蜡原料热度不够时，应再次加热（可整袋置于锅中加热），以使其在榨蜡过程中保持一定热度，便于榨蜡。经几次加热、挤压，即可把蜂蜡原料中绝大部分的蜂蜡榨出。

2. 螺杆榨蜡器

螺杆榨蜡器系利用螺杆下旋施压的榨蜡器。它的出蜡率和工作效率均较高。螺杆榨蜡器由榨蜡桶、施压螺杆、上挤板、下挤板和支架等部件构成

（图3-73）。榨蜡桶采用厚度为2mm的铁板制成；桶身呈圆柱形，直径约350mm，内面间隔装置有木条，在桶内壁上构成许多纵向的长槽，以利于榨蜡时提取出的蜂蜡流下；桶身侧壁下部设计有一个出蜡口。施压螺杆采用直径约30mm的优质圆钢车制而成，榨蜡时用于下旋对蜂蜡原料施压榨蜡。上、下挤板采用金属制成，其上有许多孔或槽，供导出提炼出的蜡液。榨蜡时，上挤板置于桶内底部，上挤板置于蜂蜡原料上方。支架采用金属或坚固的木料制成，用于装置螺杆和榨蜡桶。

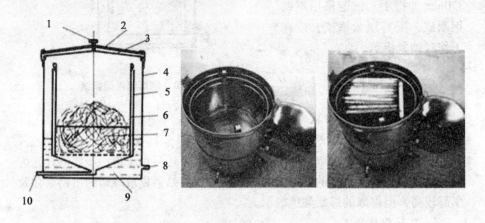

图3-71　高压蒸汽熔蜡锅结构示意图

1. 压紧螺杆；2. 压紧横梁；3. 锅盖；4. 外锅；5. 内锅；
6. 原料篮；7. 蜂蜡原料；8. 清水；9. 排水口；10. 出蜡口

图3-72　夹棍式榨蜡器

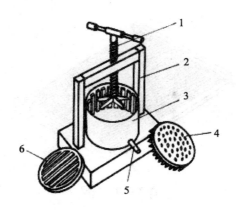

图 3 - 73 螺杆榨蜡器

1. 施压螺杆；2. 支架；3. 榨蜡桶；4. 下挤板；5. 出蜡口；6. 上挤板

第七节 蜂毒采集器具

一、电取蜂毒器的基本构造

电取蜂毒器系通过电击工蜂生产蜂毒的器具。它的形式繁多，但结构基本相同，主要由电源、电网和集毒板三个部分组成。

1. 电源

供给电取蜂毒器电网的电源主要有直流电源、交流电源和脉冲电源三种。直流电源通常采用若干个干电池串联起来，或采用蓄电池，给电网提供 12～36V 的直流电压。采用直流电源机动性较强，适于用电不便的蜂场使用，但对电网间歇通电一般需人工控制。交流电源通常采用 220V 经变压器降压至 12～36V 的交流电。脉冲电源通常采用以干电池为电源的电子振荡电路产生数 10V 的高频振荡电压构成。

2. 电网

通常采用直径 1.5～2.2mm 的不锈钢线或铜线成排地固定在框架上制成（图 3-74）。电网的金属线间隙 3～6mm，相邻两条金属线分别与电源不同的极相联，当工蜂与它们接触时即受电击蜇刺排毒。供装置金属线的框架通常采用木板或其他绝缘板。成排的金属线与框架的底板相距约 5mm。

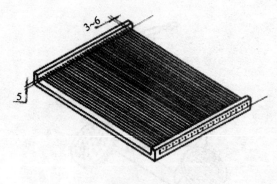

图 3 -74　电网

3. 集毒板

通常由 3mm 厚的玻璃板和塑料薄膜、尼龙绸或蜡纸构成，玻璃板面与塑料薄膜、尼龙绸或蜡纸间距 1～1.5mm。使用时，集毒板插在电网的金属线与框架底板之间，供受电击的工蜂蜇刺排毒。采用这种结构的集毒板，蜂毒通常集于塑料薄膜、尼龙绸或蜡纸的背面和玻璃板表面上，采收的蜂毒较洁净。此外，也有仅采用玻璃板作集毒板，虽也可收集蜂毒，但较不洁净。

二、几种典型的电取蜂毒器

1. QF-1 型蜜蜂电子自动取毒器

QF-1 型蜜蜂电子自动取毒器系福建农林大学蜂学学院缪晓青教授研制的，由电网、集毒板和电子振荡电路构成（图 3 - 75）。电网采用塑料栅板电镀而成。集毒板由塑料薄膜、塑料屉框和玻璃板构成。电源电子电路以 3V 直流电（两节 5 号电池），通过电子振荡电路间隔输出脉冲电压作为电网的电源，同时由电子延时电路自动控制电网总体工作时间。

2. 封闭式蜜蜂蜂毒采集器

封闭式蜜蜂蜂毒采集器由电源控制器、电网箱、取毒板、抖蜂漏斗和储蜂笼等部件构成（图 3 - 76）。

交直流两用，交流电源输入电压为 220 伏，输出供给电网的电压为 24V、28V、32V 和 36 伏 4 档，通过换档开关选择；直流电源采用 20 节 1 号干电池，装在器体内的电池盒，输出供给电网的电压为 22.5V 和 36V 两档，通过换档开关选择。电网箱由箱体和电网两个部分组成，箱体由塑料制成，电网装置在箱体四壁内面和底部。电网箱上盖可开启，盖上设计有投蜂口，以便装进蜜蜂。取毒板采用玻璃板，取蜂毒时插于电网与箱体壁之间。抖蜂漏斗采用塑料薄膜，呈漏斗状；用于将待取毒的蜜蜂装入储蜂笼。贮蜂笼采用尼龙纱网制成，用于净化待取毒的蜜蜂。

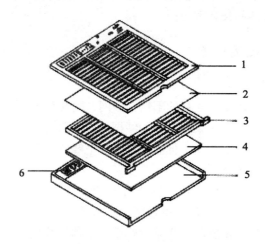

图 3-75　QF-1 型蜜蜂电子自动取毒器
1. 电网；2. 塑料薄膜；3. 塑料屉框；4. 玻璃板；5. 底板；6. 电子电路装置

图 3-76　封闭式蜜蜂蜂毒采集器

第八节　蜂胶生产器械

蜂胶采集器系用于生产蜂胶的器具，主要有采胶覆布、副盖式集胶器、格栅集胶器和巢门集胶器等。

一、采胶覆布

采胶覆布是采用麻布、帆布、较厚的土布或塑料纱网制作的蜂箱覆布，其大小与蜂箱箱体的长和宽相同。

二、副盖式集胶器

1. 纱框采胶器

由尼龙纱或每厘米2.8目的不锈钢纱网，附在纱盖的另一面或附在与副盖大小相同的框上而成。采胶时，用纱框采胶器取代副盖，让蜜蜂在纱网上聚积蜂胶，几天后取下纱框，低温冻结，再把蜂胶震落收集起来。

2. LFJ-1型蜂胶收集器

由我国浙江省临海市蜂业开发公司于1991年研制的，采用乳白色的无毒塑料制成（图3-77）。器上供蜜蜂积胶的槽呈"V"形，蜜蜂容易接受，产胶量高，脱胶快。采胶时，用这种蜂胶收集器取代副盖，2~3d后检查蜜蜂在其上积胶的情况，如边缘有1/3以上的积胶槽填满蜂胶时，即可取胶。取胶时，将收集器浸入冷水中2~3min，待蜂胶硬化后，轻折收集器，蜂胶即脱落。

图3-77 LFJ-1型蜂胶收集器断面的示意图

3. 竹制产胶副盖

我国的一种竹制产胶副盖形似竹制的平面隔王板（图3-78），采集胶栅栏采用直径约2.8mm的竹丝制成，栅栏的孔距为2.6mm。在养蜂生产中，用这种采胶副盖替代蜂箱的副盖，当其上集满蜂胶时便可取下刮胶。

三、格栅集胶器

常见的格栅集胶器有板状格栅集胶器和框式格栅集胶器两种。

1. 板状格栅集胶器

采用多条宽6~10mm、厚3mm的板条串连而成（图3-79）。采胶时，将格栅置于巢框与副盖之间或上下两箱体之间，也可放在边脾外侧作隔板。每隔15~20d采胶1次，取胶时可以直接刮取，也可冷冻后震落。

图 3 – 78　竹制产胶副盖

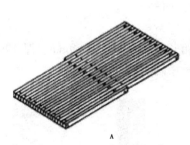

图 3 – 79　板状格栅集胶器（A）和刮胶情况（B）

2. 框式格栅集胶器

由一个框架装上成排的金属丝构成（图 3 – 80）。框架形似巢框，厚度仅为巢框的 1/2。金属丝直径 2 ~ 3mm，间距 3 ~ 4mm，供蜜蜂在其间积胶。

四、巢门集胶器

巢门集胶器是采用细木条或竹片间隔 3mm 装在一个与巢门板大小相同的框架两侧，中间留有巢门而成（图 3 – 81）。它较适于多箱体养蜂的蜂群采胶，一般流蜜期、夏季和初秋气温较高时在强群上使用。采胶时，用巢门集胶器取代巢门板，蜜蜂为缩小巢门和填塞缝隙，在其上聚积蜂胶。每隔 12d 取下刮胶一次，一般每次可采胶 40g。

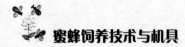

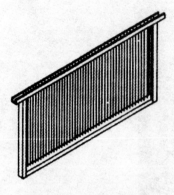

图3-80 框式栅集胶器

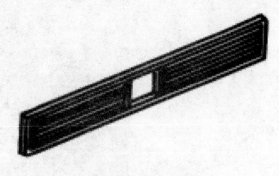

图3-81 巢门集胶器

（引自《蜂胶》，房柱，1984）

五、箱式集胶器

箱式集胶器有底箱集胶器和继箱集胶器两种。

1. 底箱集胶器

底箱集胶器，系在长 505mm（与蜂箱长度相等）、宽 89mm、厚 19mm 的木板上锯出 8 条长 432mm、宽 5mm 的通槽制成的（图 3-82）。

图3-82 底箱集胶器

2. 继箱集胶器

在普通继箱后壁和侧壁的内面挖有多条长 120mm、宽 3.5mm 的细槽（图 3-83A），或钻有多个直径 10mm 的通孔而成（图 3-83B）。若采用钻孔的，应在通孔的外部覆盖细铁纱网，以防盗蜂。

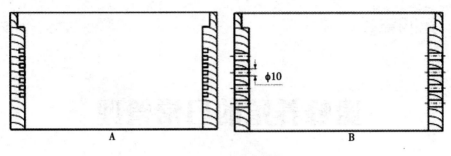

图 3 – 83　继箱集胶器

第四章

蜜蜂养殖的日常管理

　　蜂群基础管理是在养蜂生产实践中普遍具体运用的蜂群管理操作技术，是养蜂者必须具备的基本功。养蜂者熟练地掌握蜂群管理的操作技术，以及根据不同的外界条件和各个蜂群不断变化着的内部情况，及时正确、恰当地采取处理措施，对养好蜂，夺取蜜蜂产品的高产稳产是非常重要的。

一、开箱技术

　　开箱就是将蜂箱的箱盖和副盖打开，提出巢脾以便进行检查和其他管理的操作过程。开箱是蜂群饲养管理中最基本的操作技术，蜂群很多的饲养管理措施，如蜂群检查，加础造脾，蜂群饲喂，取蜜产浆，蜂群合并，人工分群，防螨治病等都需要开箱才能完成。不能熟练地掌握蜂群的开箱技术，就无法管理蜂群。开箱操作不当，对蜂子发育、巢温、蜂群正常的生活等均有较大影响和干扰，操作者也有被蜜蜂蜇伤的危险。为了避免开箱操作对蜂群和养蜂生产造成不利的影响，尽量减少被蜂蜇刺，开箱时应选择合适的时间和进行规范的操作。

　　为了尽量减开箱操作对蜂群不利的影响，缩短开箱时间，减少蜜蜂的蜇刺，开箱前应明确目的和操作步骤，做好个人防蜇保护，备齐工具和用具。开箱前应充分做好防护的准备工作，穿上浅色非毛呢质布料的工作服，戴上蜂帽面网（图4-1）。国外多箱体养蜂，注重效率，管理操作粗放，开箱操作多戴防护手套，我国蜂群管理操作精细，养蜂人开箱操作多不戴手套。为防蜜蜂从袖口或裤脚进入衣裤内，应戴好防护套袖（图4-2）和扎紧裤脚（图4-3）。

　　在蜂场，任何人都不宜在蜂箱前3m以内处长时间停留，以免影响蜜蜂的正常出入。开箱者只能站在箱侧或箱后。把箱盖轻捷地打开之后置于蜂箱后面，或者倚靠在箱壁旁侧。手持起刮刀，轻轻地撬动副盖。对于凶暴好蜇的蜂群，可用点燃的喷烟器，从揭开箱盖的缝隙或直接从纱盖的上方对准巢框上梁喷烟少许（图4-4），再盖上副盖。使蜂驯服后，将副盖揭起，反搁放在巢箱前。副盖的一端搭放在巢门踏板前端，使副盖上的蜜蜂沿副盖的斜面向上爬进蜂箱。

图4-1 开箱装束

（引自 Dadant & Sons，1978）

图4-2 穿戴防护套袖开箱

（引自 Elbert，1976）

图4-3 扎紧裤脚

（引自 Elbert，1976）

图4-4 掀开箱盖喷烟

（引自 Stelley，1983）

　　箱盖和副盖都打开后，双手轻稳地接近蜂箱的前后两端，将隔板向边脾外侧推移。然后用起刮刀依次插入近框耳的各脾间蜂路，轻轻撬动巢框，使框耳与箱体槽沟粘连的蜂胶分离，以便将巢脾提出。

　　提脾操作的方法是用双手的拇指和食指紧捏双侧框耳，将巢脾由箱内垂直向上提出（图 4-5）。巢脾提出时，切勿使巢脾互相碰撞而挤伤和激怒蜜蜂，使蜂群凶暴影响继续操作，防止蜂王被挤伤。提出的巢脾应置于蜂箱的正上方检查或操作，避免蜂王从脾上落到地下，造成损失，或者巢脾上的稀蜜滴到箱外。如果蜂箱巢脾太满，可将无王的边脾提出，暂时立起侧放于箱外侧壁或箱后壁（图 4-6）。

图 4-5　提脾
（引自 Elbert, 1976）

　　提出的巢脾应尽量保持脾面与地面垂直，以防强度不够而又过重的新子脾或新蜜脾断裂，以及花粉团和新采集来的稀薄蜜汁从巢房中掉出。如果巢脾两面都需查看时，可先查看巢脾正对的一面。翻转巢脾查看另一面时，先将水平的巢脾上梁竖起，使其与地面垂直，再以上梁为轴，将巢脾向外转动半圈，然后将捏住上梁框耳的双手放平，巢脾的下梁向上。全部查看完毕后，再按上述相反的顺序恢复到提脾的初始状态。另一种提脾查看的方法是，提出巢脾后先看面对视线的一面，然后将巢脾放低，巢脾上部略向前倾斜，从脾的上方向脾的另一面查看（图 4-7）。

　　开箱后，按正常的脾间蜂路（8~10mm），迅速将各巢脾和隔板按原来的位置靠拢，然后盖好副盖和箱盖。在恢复时，特别注意不能挤压蜜蜂，蜜蜂经常被挤压死伤的蜂群，往往会变得凶暴。将巢脾放回蜂箱中和盖上副盖时，应特别注意巢脾框耳下面和箱体的槽沟处，以及副盖与箱壁上方，蜂箱的这些位置最容易压死蜜蜂。

图 4 - 6　巢脾立放箱外侧壁

（引自 Andrew，1984）

图 4 - 7　提脾检查

（引自 Andrew，1984）

二、蜂群检查

蜂群巢内的情况不断变化。为了及时掌握蜂群的活动和预测蜂群的发展趋势，以便结合蜜源、天气以及我们的目的要求采取相应的管理措施，需要了解蜂群的内部情况，如蜂王状况、蜂子数量和发育情况，群势强弱、粉蜜贮存、蜂脾比例、有无雄蜂和王台以及巢内病虫敌害情况等。蜂群检查方法有三种，全面检查、局部检查和箱外观察。

在蜂群饲养管理过程中，平时了解全场的蜂群情况，一般都是先通过箱外观察，进行初步判断，发现个别不正常的蜂群，再针对具体问题进行局部检查或全面检查。

1. 全面检查

蜂群全面检查就是开箱后将巢脾逐一提出进行仔细查看，全面了解蜂群内部状况的蜂群检查方法。全面检查的特点是对蜂群内部的情况了解比较详细，但是由于检查的项目多和需查看的巢脾数量也多，开箱所花费的时间较长，在低温的季节，特别是在早春或晚秋，会影响蜂群的巢温稳定；蜜源缺乏的季节开箱，时间过长容易引起盗蜂。并且蜂群全面检查操作管理所花费的时间也多，劳动强度大。因此，全面检查不宜经常进行。在蜂群的饲养管理过程中，不需要时应尽可能避免全面检查。在蜂群增长阶段需要以封盖子发育时间为周期定期进行全面检查，此外，在每一个管理阶段前也需要进行全面检查。

对蜂群进行全面检查时，应重点了解蜂群巢内的饲料是否充足，蜂和脾的比例是否恰当，蜂王是否健在，产卵多寡，蜂群是否发生病、虫、敌害，在分蜂季节还要注意巢脾上是否出现自然分蜂王台等。

每群蜜蜂全面检查完毕，都应及时记录检查结果，即将蜂群内部的情况分别记入蜂群检查记录表（简称定群表）中。蜂群检查记录表能充分反映在某一场地不同季节蜂群的状况和发展规律，是制定蜂群管理技术措施和养蜂生产计划的依据。所以，蜂群的检查记录表应分类整理、长期妥善保存。蜂群的检查记录表分为蜂群检查记录分表（表4-1）和蜂群的检查记录总表（表4-2）。

表 4 – 1　蜂群检查记录分表

蜂箱号：　　　　蜂群号：　　　　蜂王初产卵日期：　　年　　月　　日

检查日期		蜂王情况	放框数	子脾框数	空脾数	巢础框数	存蜜量 kg	存粉量	群势		发现问题及工作事项
月	日								蜂	子	

表 4 – 2　蜂群检查记录总表

场址：　　　　　　检查日期：　　年　　月　　日

蜂箱号	蜂群号	蜂王情况	放框数	子脾框数	空脾数	巢础框数	存蜜量 kg	存粉量	群势		发现问题及工作事项
									蜂	子	

　　每检查一群蜜蜂都应将蜂群内部的情况及时记入表中相应的各栏，并记录发现的问题，例如，出现分蜂王台，失王，工蜂产卵，病虫敌害等。采取的处理措施，如毁台，介台，调脾，加脾加础等，也应记入表中。蜂群检查记录分表，能够反映某一蜂群的现状和变化规律。全场蜂群均检查完毕后，还应将各蜂群的情况，汇总到蜂群检查记录总表中。蜂群检查记录总表能够反映蜂场在某一阶段所有蜂群的全面状况。

　　2. 局部检查

　　蜂群的局部检查，就是抽查巢内 1～2 张巢脾，根据蜜蜂生物学特性的规律和养蜂经验，判断和推测蜂群中的某些情况。由于不需要查看所有的巢脾，因而开箱的时间短，可以减轻养蜂人员的劳动强度和对蜂群的干扰。蜂群的局部检查特别适用于外界气温低，或者蜜源缺少，容易发生盗蜂等不便长时间开箱的条件下检查蜂群。局部检查主要了解贮蜜、蜂王、蜂脾比例、蜂子发育等情况，了解不同问题提脾的位置不同。

　　(1) 群内贮蜜情况

　　了解蜂群的贮蜜多少，只需查看边脾上有无存蜜。如果边脾有较多的封盖蜜，说明巢内贮蜜充足。如果边脾贮蜜较少，可继续查看隔板内侧第二张巢脾，巢脾的上边角有封盖蜜，蜂群暂不缺蜜。如果边二脾贮蜜较少，则需及时补助饲喂。

（2）蜂王情况

检查蜂王情况应在巢内育子区的中间提脾，如果在提出的巢脾上见不到蜂王，但巢脾上有卵和小幼虫，而无改造王台，说明该群的蜂王健在；封盖子脾整齐、空房少，说明蜂王产卵良好；倘若既不见蜂王，又无各日龄的蜂子，或在脾上发现改造王造王台，看到有的工蜂在巢上或巢框顶上惊慌扇翅，这就意味着已经失王；若发现巢脾上的卵分布极不整齐，一个巢房中有好几粒卵，卵黏附在巢房壁上，这说明该群已失王已久，工蜂开始产卵；如果蜂王和一房多卵现象并存，说明蜂王已经衰老，或存在着生理缺陷，应及时淘汰。

（3）加脾或抽脾

检查蜂群的蜂脾关系，确定蜂群是否需要加脾或抽脾，应查看蜜蜂在巢脾上分布密度和蜂王产卵力的高低。通常抽查隔板内侧第二张脾，如果该巢脾上的蜜蜂达80%～90%，蜂王的产卵圈已扩大到巢脾的边缘巢房，并且边脾是贮蜜脾，就需要加脾；如果说巢脾上的蜜蜂稀疏，巢房中无蜂子，就应将此脾抽出，适当地紧缩蜂巢。

（4）蜂子发育情况

检查蜂子的发育，一查看幼虫营养状况，二查看有无患幼虫病。从巢内育子区的偏中部提1～2张巢脾检查。如果幼虫显得湿润、丰满、鲜亮，小幼虫底部白色浆状物较多，封盖子面积大、整齐，表明蜂子发育良好；若幼虫干瘪，甚至变色、变形或出现异臭，整个子脾上的卵、虫、封盖子混杂，封盖巢房塌陷或穿孔，说明蜂子发育不良，或患有幼虫病。若脾面上或蜜蜂体上可见大小蜂螨，则说明蜂螨危害严重。

3. 箱外观察

蜂群的内部情况，在一定的程度上能够从巢门前的一些现象反映出来。因此，通过箱外观察蜜蜂的活动和巢门前的蜂尸的数量和形态，就能大致推断蜂群内部的情况。箱外观察这种检查了解蜂群的方法，随时都可以进行。尤其是在特殊的环境条件下，蜂群不宜开箱检查时，或随时掌握全场蜂群的情况，箱外观察更为常用。

（1）从蜜蜂的活动状况判断

①蜜蜂采蜜情况

全场蜂群普遍出现外勤工蜂进出巢繁忙，巢门拥挤，归巢工蜂腹部饱满沉重，夜晚扇风声较大，说明外界蜜源泌蜜丰富，蜂群采酿蜂蜜积极。蜜蜂出勤少，巢门口守卫蜂警觉性强，常有几只蜜蜂在蜂箱周围或巢门口附近窥探，伺机进入蜂箱，说明外界蜜源稀绝，已出现盗蜂活动。在流蜜期，如果外勤蜂采集时间突然提早或延迟，说明天气将要变化。

②蜂王状况

在外界有蜜粉源的晴暖天气，如果工蜂采集积极，归巢携带大量的花粉，说明该蜂王健在，且产卵力强。这是因为蜂王产卵力强，巢内卵虫多，需要花粉量也大。所以采集花粉多的蜂群，巢内子脾就必然多。如果蜂群出巢怠慢，无花粉带回，有的工蜂在巢门前乱爬或振翅，则有失王的嫌疑。

③自然分蜂征兆

在分蜂季节，大部分的蜂群采集出勤积极，而个别强群很少有工蜂进出巢，却有很多工蜂拥挤在巢门前形成蜂胡子，此现象多为分蜂的征兆。如果大量蜜蜂涌出巢门，则说明分蜂活动已经开始。

④群势强弱

当天气、蜜粉源条件都比较好时，有许多蜜蜂同时出入，傍晚大量的蜜蜂拥簇在巢门踏板或蜂箱前壁，说明蜂群强盛；反之在相同的情况下，进出巢的蜜蜂比较少的蜂群，群势就相对弱一些。

⑤巢内拥挤闷热

气温较高的季节，许多蜜蜂在巢门口扇风，傍晚部分蜜蜂不愿进巢，而在巢门周围聚集，这种现象说明巢内拥挤闷热。

⑥发生盗蜂

外界蜜源稀少时，少量工蜂在蜂箱四周飞绕，伺机寻找进入蜂箱的缝隙，表明该群已被盗蜂窥视，但还未发生盗蜂；巢门前秩序混乱，工蜂团抱厮杀，表明盗蜂已开始进攻被盗群。弱群巢前的工蜂进出巢突然活跃起来，仔细观察进巢的工蜂腹部小，而出巢的工蜂腹部大，说明发生了盗蜂。

⑦农药中毒

工蜂在蜂场激怒狂飞，性情凶暴，并追蜇人、畜；头胸部绒毛较多的壮年工蜂在地上翻滚抽搐，尤其是携带花粉的工蜂在巢前挣扎，此现象为蜜蜂农药中毒。

⑧螨害严重

巢前不断地发现有一些体格弱小、翅残缺的幼蜂爬出巢门，不能飞，在地上无目标爬行，此现象说明蜂螨危害严重。

⑨蜂群患下痢病

巢门前有体色特别深暗腹部膨大，飞翔困难，行动迟缓的蜜蜂，并在蜂箱周围有稀薄量大的蜜蜂粪便，这是蜂群患下痢病的症状。

⑩蜂群缺盐

无机盐也是蜜蜂生长不可缺少的物质，见到蜜蜂在小便池采集，则说明蜂群缺盐，如果人在蜂场附近，蜜蜂会在人的头发和皮肤上啃咬汗渍，说明蜂群缺盐严重。

（2）从巢前死蜂和死虫蛹的状况判断

严格意义上，蜜蜂死在巢前是不正常的。如果巢前有少量的死蜂和死虫蛹对蜂群无大影响，但死蜂和死虫蛹数量较多，就应引起注意。

①蜂群巢内缺蜜

巢门前出现有拖弃幼虫或增长阶段驱杀雄蜂的现象，若用手托起蜂箱后方感到很轻，说明巢内已经缺乏贮蜜，蜂群处于接近危险的状态。巢前出现腹小，伸吻的死蜂，甚至巢内外大量的堆积这种蜂尸，则说明蜜蜂已因饥饿而开始死亡。这种情况下，应立即采取急救饲喂措施。

②农药中毒

在晴朗的天气，蜜蜂出勤采集时，全场蜂群的巢门前突然出现大量的双翅展开、勾腹、伸吻的青壮死蜂，尤其强群巢前死蜂更多，部分死蜂后足携带花粉团，说明是农药中毒。

③大胡蜂侵害

夏秋是胡蜂活动猖獗的季节，蜂箱前突现大量的缺头、断足、尸体不全的死蜂，而且死蜂中大部分都是青壮年蜂，这表明该群曾遭受大胡蜂的袭击。

④冻死

在较冷的天气，蜂箱巢门前出现头朝箱口，呈冻僵状的死蜂，则说明因气温太低，外勤蜂归巢时来不及进巢冻死在巢外。

⑤蜂群遭受鼠害

冬季或早春，如果门前出现较多的蜡渣和头胸不全的死蜂，从巢内散发出臊臭的气味，并且看到蜂箱有咬洞，则说明老鼠进入巢箱危害。

⑥巢虫危害

饲养中蜂，如果发现在巢门前有工蜂拖弃死蛹，则说明是巢虫危害。取蜜操作不慎，碰坏封盖巢房，巢前也会出现工蜂或雄蜂的死蛹。

⑦自然交替

天气正常，蜂群也未曾分蜂，如果见到巢前有被刺死和拖弃的蜂王或王蛹，可推断此蜂群的蜂王已完成自然交替。

⑧蟾蜍危害

夏秋季节，发现蜂箱附近有灰黑色的粪便，如一节小指头大小，拔开粪便可见许多未经消化的蜜蜂头壳，说明夜间有蟾蜍危害蜜蜂。蜂场有蟾蜍危害，可在天黑后打手电筒在蜂箱附近寻找，捕捉后放归远离蜂场的田野。因蟾蜍对人类是有益的动物，不可伤害。

三、巢脾修造和保存

养蜂离不开巢脾，但是造脾又需要一定的条件。早春蜜蜂群势逐渐壮大，就需要优质巢脾扩巢，但在此季节，无论是天气还是蜂群状况，都不利于新脾的修造，这就需要事先储备足够的优良巢脾。

1. 新脾修造

优质巢脾的修造须根据蜂群泌蜡造脾的特点，以及所需要的条件来采取具体的技术措施，进行镶装巢础，加础造脾和相应的蜂群管理措施。

（1）镶装巢础

优质巢脾应具备完整、平整、无雄蜂房或雄蜂房很少。新脾造好后应及时提供蜂王产卵。修造巢脾需经钉巢框或清理巢框、拉线、上础、埋线、固定巢础等步骤。

修造优质巢脾需选用优质巢础。巢础须用纯净蜂蜡制成，厚薄均匀，房基明显，房基的深度和大小一致。掺有较多矿蜡的巢础，熔点低，巢房易变形。用这样的巢础修造的巢脾雄蜂房较多（图4-8）。

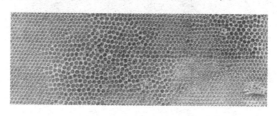

图4-8　雄蜂房较多的新脾

①钉巢框或清理巢框

修造新脾可用新的巢框，也可用旧的巢框。

新巢框由完全干燥的杉木、白松或其他不易变形的木材加工的一根上梁、一根下梁和两根侧条构成（图4-9）。先用一块预制的铁片模板，卡在巢框的侧条上，从侧条的内侧中心上等距向外侧用圆锥钻3~4个小孔，以备穿铁线。先用小铁钉从上梁的上方将上梁和侧条固定（图4-10），侧条上端侧面钉入铁钉加固上梁与侧条。最后用铁钉固定下梁和侧条。为了提高钉新巢框的效率，可用专用的模具固定（图4-11）。巢框的侧梁最好选用

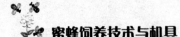

较硬的木材根端，以防拉线时把孔眼划破陷入。新巢框应结实，周正，上梁、下梁和侧条都要在同一平面上。

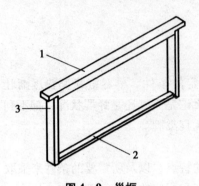

图 4 - 9 巢框

1. 上梁；2. 下梁；3. 侧条

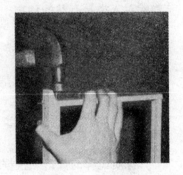

图 4 - 10 钉巢框

（引自 Elbert，1976）

图 4 - 11 钉巢框的专用模具

（引自 Elbert，1976）

②拉线

拉线是为增强巢脾的强度，避免巢脾断裂。拉线使用 24 ~ 26 号铁丝，铁线拉直后，预先剪成每根 2.3m 长。拉线时顺着巢框侧梁的小孔来回穿 3 ~ 4 道铁丝，将铁丝的一端缠绕在事先钉在侧条孔眼附近的小铁钉上，并将小钉完全钉入侧条固定。用手钳拉紧铁丝的另一端，直至用手指弹拨铁丝能发出清脆的声音为度。最后将这一端的铁丝也用铁钉固定在侧条上。美国和新西兰等国外蜂场多用上线板穿线和拉线（图 4 - 12）。

③上础

巢础很容易被碰坏，上础时应细心。将巢础放入拉好线的巢础框上，使巢框中间的两根铁线处于巢础的同一面，上下两根铁线处于巢础的另一面。再将巢础仔细放入巢框上梁下面的巢础沟中（图4-13）。

图4-12　用上线板穿线和拉线
（引自 Winter, 1980）

图4-13　上础
（引自 Winter, 1980）

④埋线

埋线就是用埋线器将铁线加热部分熔蜡后埋入巢础中的操作。埋线前，应先将表面光滑、尺寸略小于巢框内径的埋线板用清水浸泡4~5h，以防埋线时蜂蜡熔化将巢础与埋线板粘连，损坏巢础。

将已上础的巢础框平放在埋线板上，调整巢础已伸入上梁的巢础沟。用加热的普通埋线器或电热埋础器（图4-14），将铁线逐根埋入巢础中间。

用普通埋线器埋线时，埋线器加热后沿铁丝向前推移，使铁丝镶嵌到巢础内。推移埋线器时，用力要适当，防止铁丝压断巢础，或浮离巢础的表面。

⑤巢础与巢框上梁相接处的固定

埋线后需用熔蜡浇注巢框上梁的巢础沟槽中，使巢础与巢框上梁粘接牢固。熔蜡壶中放入碎块蜂蜡，放在电炉等炉具上水浴加热。蜂蜡熔化后，熔蜡壶置于70~80℃的水浴中待用。蜡液温度不可过高，否则易使巢础熔化损坏。

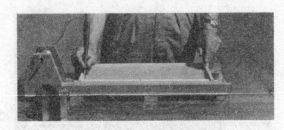

图4-14 电埋础器埋线
（引自 Winter，1980）

浇蜡固定时，一手持埋线后的巢础框，使巢框下梁朝上；另一手持熔蜡壶或盛蜡液容器，向上梁的巢础沟中倒入熔蜡（图4-15）。手持巢框使上梁两端高低略有不同，初时手持端略高，熔蜡从巢础沟的靠手持的一端倒入，蜡液沿巢础沟缓缓向另一端流动，熔蜡到达另一端后立即抬高巢框上梁的另一端，使蜡液停止继续向下流动。

图4-15 用熔蜡固定上梁与巢础
（引自 Winter，1980）

（2）加础造脾方法

①加础

巢础框应加在蜂箱中的育子区，如果加在无王的贮蜜区易造雄蜂房。在气候温暖且稳定的季节，可将巢础框直接加在蜂巢的中部。由于蜂巢的完整性受到较大的影响，蜜蜂造脾速度快。气温较低和群势较弱时，巢础框应加在子圈的外围，也就是边2脾的位置，以免对保持巢温产生不利的影响。

处于群势增长阶段中期的蜂群、双王群和流蜜阶段的副群都有一个共同特点，蜂群无分蜂热，蜂王产卵积极，内勤蜂较多，所以造脾较快，且不易造雄蜂房。在上述蜂群中，可在育子区边 2 脾的位置每次加一个巢础框，待新脾巢房加高到约一半时，将这半成品的巢脾移到蜂巢中间，供蜂王产卵，以促进蜂群更快速度造脾，并在原来的巢础框位置再放入一个新的巢础框。

自然分蜂的分出群造脾能力最强。利用分出群修造新脾又快又好，无雄蜂房，能够连续修造较多的优质巢脾。刚收捕回来的分蜂团，巢内除了放一张供蜂王产卵的半蜜脾之外，其余都可用巢础框代替。巢础框的数量根据分蜂团的群势而定，加入巢础框后应蜂脾相称。缩小脾间蜂路和巢门，进行奖励饲喂，一个夜晚基本能造成无雄蜂房的优质新脾。第二天可提出部分新脾再加入部分巢础框，重复利用自然新分出群增加造脾的数量。

②蜂群调整和奖励饲喂

为了加快造脾速度和造脾完整，应保持蜂群巢内蜂脾相称，或蜂略多于脾。巢内巢脾过多，影响蜂群造脾积极性，并使新脾修造不完整。在造脾蜂群的管理中应及时淘汰老劣旧脾或抽出多余的巢脾，以保证蜂群内适当密集。奖励饲喂能够促进蜂群造脾。

③检查

加础后第二天检查造脾情况。变形破损的巢础框及时淘汰。未造脾或造脾较慢，应查找原因（蜂王是否存在、是否脾多蜂少、饲料是否充足、是否分蜂热严重等），根据具体情况再作处理。

在新脾的修造过程中，需要检查 1～2 次。修造不到边角的新脾，应立即移到造脾能力强且高度密集的蜂群去完成。如果巢础框两面或两端造脾速度不同，可将巢础框调头后放入。

2. 巢脾保存

蜂群越冬或越夏前，群势下降，必然要从蜂箱中抽出许多余脾。抽出的巢脾保管不当，就会发霉、积尘、孳生巢虫、引起盗蜂和遭受鼠害，并会影响下一个养蜂季节的生产。巢脾保存最主要的问题是防止蜡螟（图4－16）的幼虫，巢虫（图4－17）蛀食危害（图4－18）。巢脾应该保存在干燥清洁的地方，其楼上下以及邻室都不能贮藏农药，以免造成蜂群中毒。由于巢脾保存需要用药物熏蒸消毒，因此，保存巢脾的地点也不宜靠近生活区。

图 4 - 16　蜡螟图

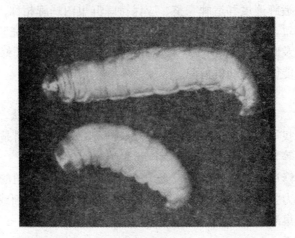

图 4 - 17　巢虫

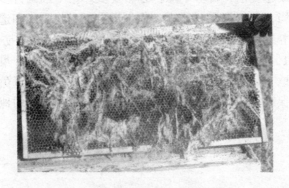

图 4 - 18　被巢虫蛀食毁坏的巢脾

（1）巢脾清理和分类

巢脾贮存整理之前，应将空脾中的少量蜂蜜摇尽，刚摇出蜂蜜的空脾，须放到巢箱的隔板外侧，让蜜蜂将残余在空脾上的蜂蜜舔吸干净，然后再取出收存。从蜂群中抽取出来的巢脾应用起刮刀将巢框上的蜂胶，蜡瘤，下痢的污迹及霉点的杂物清理干净，然后分类放入蜂箱中，或分类放入巢脾贮存室的脾架上，并在箱外或脾架上加以标注。需要贮存巢脾可分为蜜脾、粉脾和空脾三大类。

蜜脾和粉脾根据脾中贮蜜程度，可将蜜脾分全蜜脾（图4－19）和半蜜脾。粉脾也可分为全粉脾（图4－20）或粉蜜脾（图4－21）。蜜脾和粉脾应是适合蜂王产卵的优质巢脾，在蜂群的增长阶段将蜜脾和粉脾加入蜂群，粉蜜消耗后空出的巢房应供蜂王产卵。

图4－19　全蜜脾
（引自 Winter，1980）

空脾贮存的空脾主要用于提供蜂王产卵和贮蜜。空脾可根据新旧程度和质量分为三等。一等空巢脾应是浅褐色、脾面平整，几乎全部都是工蜂房的巢脾；二等巢脾稍次于一等空巢脾，巢脾颜色稍深，或有少部分雄蜂房的巢脾；三等空巢脾颜色褐色，或有部分雄蜂蜂房，或有其他小缺陷但还能使用的巢脾。除此之外的空脾，如颜色深褐色甚至呈黑色、巢脾变形，雄蜂巢房过多、巢脾破损，以及没有育过蜂子的老白脾等，都不宜保留，应集中化蜡。

（2）巢脾熏蒸

巢脾密封保存是为了防止鼠害和巢虫危害，以及盗蜂的骚扰。

①二硫化碳熏蒸

二硫化碳是一种无色、透明、有特殊气味的液体，比重1.263，常温下容易挥发。气态下二硫化碳比空气重，易燃、有毒，使用时应避免火源或吸入。二硫化碳熏蒸巢脾只需一次，处理时相对较方便，效果好；但是，成本高，对人体有害。

图 4 – 20　粉脾局部
（引自 Rodionov, 1986）

图 4 – 21　粉蜜脾
（引自 Browm, 1985）

　　用蜂箱贮存巢脾，二硫化碳熏蒸巢脾时可在一个巢箱上叠加 5～6 层继箱，最上层加副盖。如非木质地板，应适当垫高防潮。巢箱和每层继箱均等距排列 10 张脾。二硫化碳气体比空气重，应放在顶层巢脾。如果盛放二硫化碳的容器较高，最上层继箱还应在中间空出 2 脾的位置。蜂箱所有的缝隙用裁成条状的报纸糊严。待放入二硫化碳后再用大张报纸将也副盖糊严。

在熏蒸操作时，为了减少吸入有毒的二硫化碳气体，向蜂箱中放入二硫化碳时应从下风处，或从里面开始，逐渐上风或外面移动。除非以后外面的巢虫重新侵入，二硫化碳的气体能杀死蜡螟的卵、虫、蛹和成虫，所以经一次彻底处理后就能解决问题。二硫化碳的用量，按每立方米容积30ml 计，即每个继箱用量，约合 1.5ml。考虑到巢脾所处空间不可能绝对密封，实际用量可酌加一倍左右。

②硫黄粉熏蒸

硫黄粉熏蒸是通过硫黄粉燃烧后产生大量的二氧化硫气体达到杀灭巢虫和蜡螟的目的。二氧化硫熏脾，一般只能杀死蜡螟和巢虫，不能杀死蜡螟的卵和蛹。彻底杀灭蜡螟须待蜡螟的卵和蛹孵化成幼虫和蛹羽化成成虫后再次熏蒸。因此，用硫黄粉熏蒸需在 10~15d 要熏第二次，再过 15~20d 蒸第 3 次。硫黄粉熏蒸具有成本低，易购买，但是操作较麻烦，不慎易发生火灾。

燃烧硫黄产生热的二氧化硫气体比空气轻，所以硫黄熏蒸应放在巢脾的下方。用蜂箱贮存巢脾，硫黄粉熏蒸应备一个有巢门档的空巢箱作为底箱，上面叠加 5~6 层继箱。为防硫黄燃烧时巢脾熔化失火，巢箱不放巢脾，第一层继箱仅在两侧各排列 6 个巢脾，分置两侧，中央空出 4 框的位置。其上各层继箱分别各排 10 张巢脾。除了巢门档外，蜂箱所有的缝隙也用裁成条状的报纸糊严。

撬起巢门档，在薄瓦片上放上燃烧火炭数小块，撒上硫黄粉后，从巢门档处塞进箱底，直到硫黄粉完全烧尽后，将余火取出，仔细观察箱内无火源后，再关闭巢门档并用报纸糊严。硫黄熏脾，易发生火灾事故，切勿大意。二氧化硫气体具有强烈的刺激性、有毒，操作时应避免吸入。硫黄粉的用量，按每立方米容积50g 计算，每个继箱约合 2.5g。考虑到巢脾所处空间不可能绝对密封，实际用量同样酌加一倍左右。

四、蜂群合并

蜂群合并就是把两个或两个以上蜂群合并为一群的养蜂操作技术，蜂群合并是养蜂生产中常用的管理措施。

1. 蜂群安全合并的障碍

蜜蜂是以群体为单位生活的社会性昆虫，不同的蜂群通常具有不同的气味。蜜蜂凭借灵敏的嗅觉，通过不同群体的蜜蜂气味的差异，分辨出本群或其他蜂群的个体。蜂群具有警惕守卫自己蜂巢，防止异群蜜蜂进入的特点，尤其在蜜粉源缺乏条件下更为突出。如果将不同的蜂群任意合并到一起，就可能因蜂群的群味不同，而引起蜜蜂相互斗杀，使得合并失败造成损失，这就是合并蜂群的主要障碍。

通过群味分辨异群蜜蜂个体，是蜂群在进化过程中对种内竞争的适应。蜂群的安全合并的主要工作是采取措施消除蜂群安全合并的障碍，混同群味，削弱警觉性。

2. 蜂群合并前的准备及应注意的问题

蜂群在大流蜜期，群势较弱、失王不久、子脾幼蜂比较多的蜂群比较容易进行合并；而蜂群在非流蜜期，以及群势较强、群内有蜂王或王台存在、失王过久甚至工蜂产卵、子脾少、老蜂多、常遭受到盗蜂或胡蜂骚扰的蜂群，合并比较困难。为此，在蜂群合并之前，应注意做好准备工作，创造蜂群安全合并的条件。

蜜蜂具有很强的认巢能力，将两群或几群蜂合并以后，由于蜂箱位置的变迁，有的蜜蜂仍要飞回原址寻巢，易造成混乱。合并应在相邻的蜂群间进行。需将两个相距较远的蜂群合并，应在合并之前，采用渐移法使箱位靠近。

如果合并的两个蜂群均有蜂王存在，除了保留一只品质较好的蜂王之外，另一只蜂王应在合并前 1~2d 去除。在蜂群合并的前半天，还应彻底检查毁弃无王群中的改造王台。

蜂群合并往往会发生围王现象，为了保证蜂群合并时蜂王的安全，应先将蜂王暂时关入蜂王诱入器内保护起来，待蜂群合并成功后，再释放蜂王。

对于失王已久，巢内老蜂多，子脾少的蜂群，在合并之前应先补给 1~2 框未封盖子脾，以稳蜂性。补脾后应在合并前毁弃改造王台。

要合并的蜂群一强一弱，应将弱群并入强群；有王群与无王群合并，应将无王群并入有王群。

蜂群合并时间的选择应重点考虑避免盗蜂和胡蜂的骚扰，在蜂群警觉性较低时进行。蜂群合并宜选择在蜜蜂停止巢外活动的傍晚或夜间，此时的蜜蜂已经全部归巢，蜂群的警觉性很低。

3. 蜂群合并方法

根据外界蜜粉源条件，以及蜂群内部状况，判断蜂群安全合并的难易程度。容易合并可采用直接合并的方法，安全合并较困难则需采取间接合并的方法。

(1) 直接合并

直接合并蜂群适用于刚搬出越冬室而又没有经过爽身飞翔的蜂群，以及外界蜜源泌蜜较丰富的季节。合并时，打开蜂箱，把有王群的巢脾调整到蜂箱的一侧，再将无王群的巢脾带蜂放到有王群蜂箱内另一侧。根据蜂群警觉性的强弱调整两群蜜蜂巢脾间隔的距离，多为间隔1~3张巢脾。也可用隔板暂时隔开两群蜜蜂的巢脾。次日，两群蜜蜂的群味完全混同后，就可将两侧的巢脾靠拢。

　　为了合并的安全，直接合并蜂群可同时采取混同群味的措施，混淆群味界限。直接合并所采取的措施有向合并的蜂群喷洒稀薄的蜜水；合并前在箱底和框梁滴2~3滴香水，或者滴几十滴白酒；或者向参与合并的蜂群喷烟；在合并之前1~2h，将切碎的葱末分别放入需要合并蜂群的蜂路中。也可将合并的蜂群都放入同一箱后，中间用装满糖液或灌蜜的巢脾隔开。

　　（2）间接合并

　　间接合并方法，应用于非流蜜期、失王过久、巢内老蜂多而子脾少的蜂群。间接合并主要有铁纱合并法和报纸合并法。在炎热的天气应用间接合并法，在继箱上要开一个临时小巢门，以防继箱中的蜜蜂受闷死亡。

　　①铁纱合并法

　　将有王群的箱盖打开，铁纱副盖上叠加一个空继箱，然后将另一需要合并无王群的巢脾带蜂提入继箱。两个蜂群的群味通过铁纱互通混合，待两群蜜蜂相互无敌意后就可撤除铁纱副盖，将两原群的巢脾并为一处，必要时抽出余脾。间接合并用铁纱分隔的时间主要视外界蜜源而定，有辅助蜜源时只需1d，无蜜源需要2d。能否去除铁纱，需观察铁纱两侧的蜜蜂行为，较容易驱赶蜜蜂表明两群气味已互通；若有蜜蜂死咬铁纱，驱赶不散，则说明两群蜜蜂敌意未消。

　　②报纸合并法

　　铁纱副盖可用钻许多小孔的报纸代替。将巢箱和继箱中的两个需合并的蜂群，用有小孔的报纸隔开。上下箱体中的蜜蜂集中精力将报纸咬开，放松对身边蜜蜂的警觉。当合并的报纸洞穿半天至一天后，两群蜜蜂的群味也就混同了。

五、人工分群

　　人工分群，简称分群，就是人为地从一个或几个蜂群中，抽出部分蜜蜂、子脾和粉蜜脾，组成一个新分群。人工分群是增加蜂群数量的重要手段，也是防止自然分蜂的一项有效措施。无论采用什么方法分群，都应在蜂群强盛的前提下进行。在养蜂生产上，弱群分群一般是没有意义的。

1. 单群平分

单群平分，就是将一个原群按等量的蜜蜂、子脾和粉蜜脾等分为两群。其中原群保留原有的蜂王，分出群则需诱入一只产卵蜂王。这种分群方法的优点是分开后的两个蜂群，都是由各龄蜂和各龄蜂子组成，不影响蜂群的正常活动，日后新分群的群势增长也比较快。其缺点是一个强群平分后群势大幅度下降，在接近流蜜期时影响蜂蜜生产。因此，单群平分只宜在主要蜜源流蜜期开始的45d前进行。

单群平分操作时，先将原群的蜂箱向一侧移出一个箱体的距离，在原蜂箱位置的另一侧，放好一个空蜂箱。再从原群中提出大约一半的蜜蜂、子脾和粉蜜脾置于空箱内。次日给没有王的新分出群诱入一只产卵蜂王。分群后如果发生偏集现象，可以将蜂偏多的一箱向外移出一些，稍远离原群巢位或将蜂少的一群向里靠一些，以调整两个蜂群的群势。

单群平分不宜给新分出群介入王台。因为介入王台后，等新王出台、交尾、产卵，还需10d左右。在这段时间内，新分群的哺育力不能得到充分的发挥，浪费蜂群的哺育力，影响蜜蜂群势发展。如果新王出台、交尾不成功，产卵不正常或意外死亡，损失就会更大。

2. 混合蜂群

利用若干个强群中一些带蜂的成熟封盖子脾，搭配在一起组成新分群，这种人工分群的方法叫做混合分蜂。利用强群中多余的蜜蜂和成熟子脾，并给以产卵王或成熟王台组成新分群，在任何情况下，分群后的蜂群都比不分蜂的原群所培育的蜜蜂数量要多，产蜜量也至少增加1/3以上。这是因为混合分群可以从根本上解决了分群与采蜜的矛盾。从强盛的蜂群中抽出部分带蜂成熟的子脾，既不影响原群的增长，又可改善原群蜂巢中的环境条件，防止分蜂热的发生，使原群始终处于积极的工作状态。同时，由强群中多余的蜜蜂和成熟的封盖子所组成的新分群到主要流蜜期，可以使蜂场得到为数众多的采蜜群。混合分群不足之处主要有分群的速度较慢，原场分群易回蜂，外场分群较麻烦，混合分群容易扩散蜂病。因此，患病蜂群不宜进行混合分群。

六、自然蜂群控制和处理

自然分蜂是蜜蜂群体自然增殖的唯一方式，对蜜蜂种群的繁荣和分布区域扩大具有非常重要的意义。但是，养蜂生产的高产稳产必须以强群为基础，而分蜂使蜜蜂群势大幅度下降。特别是在主要蜜源花期，发生分蜂就会大大影响产蜜量。养蜂生产上控制蜂群分蜂热是极其重要的管理措施。

1. 控制分蜂热管理措施

促使蜂群发生分蜂热的因素很多，其主要原因是蜂群中的蜂王物质不足、哺育力过剩以及巢内外环境温度过高。控制和消除分蜂热应根据蜂群自然分蜂的生物学规律，在不同阶段采取相应的综合管理措施。如果一直坚持采取破坏王台等简单生硬的方法来压制分蜂热，则导致工蜂长期怠工，并影响蜂王产卵和蜂群的发展。其结果既不能获得蜂蜜高产，群势也将大幅度削弱。

（1）选育良种

同一蜂种的不同蜂群控制分蜂的能力有所不同，并且蜂群控制分蜂能力的性状具有很强的遗传力。因此，在蜂群换王过程，应注意选择能维持强群的高产蜂群作为种群，进行移虫育王。此外，还应注意定期割除分蜂性强的蜂群中的雄蜂封盖子，同时保留能维持强群的蜂群中的雄蜂，以此培育出能维持强群的蜂王。

（2）更换新王

新蜂王释放的蜂王物质多，控制分蜂能力强。一般来说，新王群很少发生分蜂。此外新王群的卵虫多，既能加快蜂群的增长速度，又使蜂群具有一定的哺育负担。所以，在蜂群的增长期应尽量提早换新王。

（3）调整蜂群

蜂群的哺育力过剩是产生分蜂热的主要原因。蜂群的增长期保持强群，不但对发挥工蜂的哺育力不利，而且还容易促使分蜂，增加管理上的麻烦，增加了蜂群的饲料消耗。因此，在蜂群增长阶段应适当地调整蜂群的群势，以保持最佳群势为宜。蜂群快速增长的最佳群势，意蜂为 8~10 足框。调整群势的方法主要有两种，一是抽出强群的封盖子脾补给弱群，同时抽出弱群的卵虫脾加到强群中，这样既可减少了强群中的潜在哺育力，又可加速弱群的群势发展；二是进行适当的人工分蜂。

（4）改善巢内环境

巢内拥挤闷热也是促使分蜂的因素之一。在蜂群的增长阶段，当外界气候稳定，蜂群的群势较强时，就应及时进行扩巢、通风、遮阳、降温，以改善巢内环境。蜂群应放置在阴凉通风处，不可在太阳下长时间暴晒；适时加脾或加础造脾，增加继箱等扩大蜂巢的空间；开大巢门、扩大脾间蜂路以加强巢内通风；及时饲水和在蜂箱周围喷水降温等。

（5）生产王浆

蜂群的群势壮大以后，连续生产王浆，加重蜂群的哺育负担，充分利用工蜂过剩的哺育力，这是抑制分蜂热的有效措施。

（6）组织双王群饲养

双王群能够抑制分蜂热，所维持的群势更强，主要是因为双王群中蜂王物质多和哺育负担重。由于蜂群中有两只蜂王释放蜂王物质，增强了控制分蜂的能力，因此能够延缓分蜂热的发生。双王群中两只蜂王产卵，幼虫较多，减轻了强群哺育力过剩的压力。

（7）多箱体养蜂

多箱体养蜂是周年用 2~3 个标准箱体进行育子的饲养方法，除了育子区外，根据流蜜期需要还可以加数个继箱贮蜜。这样组织管理的蜂群巢内空间大，蜂王产卵和工蜂贮蜜的位置充足。蜂群内只要有一只优良的蜂王，蜂群就很少产生分蜂热。

（8）蜂群增长阶段的主副群饲养

主副群饲养是强弱群搭配分组管理的养蜂方法。2~3 箱蜜蜂紧靠成一组，其中一箱为强群，群势约 8~10 足框，为蜂群增长最佳群势，经适当调整和组织到了流蜜期成为采蜜主群。另 1~2 群为相对较弱的蜂群，主群增长后多出最佳群势的蜂子不断地调入副群。当蜂群上继箱后，培育一批蜂王。蜂王出台前 2~3d，在主群旁边放一个空蜂箱，然后从主群中提出 3~4 框带蜂的封盖子脾和蜜脾，组成副群。第二天介入一个王台。等新王产卵后，不断地从主群中提出多余的封盖子脾补充给副群，以此控制主群产生分蜂热。

（9）多造新脾

凡是陈旧、雄蜂房多的，以及不整齐的劣脾，都应及早剔除，以免占据蜂巢的有效产卵圈。同时可充分利用工蜂的泌蜡能力，积极地加础造脾、扩大卵圈，加重蜂群的工作负担，有利于控制分蜂热。

（10）毁弃王台

分蜂王台封盖，蜂王的腹部开始收缩。蜂群出现分蜂热后，应每隔 5~7d 定期检查 1 次，将王台毁弃在早期阶段。毁台只是应急的临时延缓分蜂的手段，不能从根本上解决问题。在毁台的同时，还应采取相应的措施，彻底解除分蜂热。如果一味地毁台抑制分蜂，则蜂群的分蜂热越来越强，最后可能导致蜂群建造王台并逼迫蜂王在台中产卵后，就开始分蜂。

（11）蜂王剪翅

为了避免在久雨初晴时因来不及检查，或者管理疏忽而发生分蜂，应在蜂群出现分蜂征兆时，将老蜂王的一侧前翅剪去 70%。蜂王剪翅后发生分蜂，蜂王必跌落于巢前，分出的蜜蜂因没有蜂王不能稳定结团，不久就会重返原巢。

剪翅时用左手的拇指和食指将蜂王的胸部轻轻地捏住，右手拿一把锐利的小剪刀，挑起一边前翅，剪去前翅面积的2/3（图4-22）。

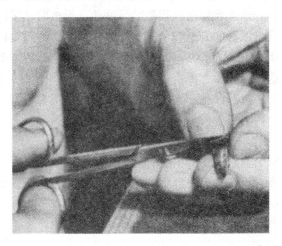

图4-22　蜂王剪翅

（引自 The editorial Staff of Gleanings in Bee Cultrure，1976）

（12）提早取蜜

在大流蜜期到来之前，取出巢内的贮蜜，有助于促进蜜蜂采集，减轻分蜂热。当贮蜜与育子发生矛盾时，应取出积压在子脾上的成熟蜂蜜，以扩大卵圈。

2. 解除分蜂热的方法

如果由于各种原因，所采取的控制分蜂热的措施无效，群内王台封盖，蜂王腹部收缩，产卵几乎停止，分蜂即将发生时，应根据具体情况，因势利导采取措施。

（1）人工分群

当活框饲养的强群发生分蜂热以后，采用人工分群的方法解除分蜂热，是一项非常有效的措施。为了解除强群的分蜂热，又要保证生产群的群势，应根据不同蜂种的特点采取人工分群方法。

①意大利蜜蜂的分群方法

意大利蜜蜂分蜂性相对较弱，当蜂群中分蜂王台封盖以后，可将老王和带蜂的成熟封盖子脾和蜜脾各一脾提出，另用蜂箱组成新分群，另置。在新分群中加入1张空脾，供老王产卵。同时在原群中选留或介入一个大型、端正、成熟的封盖王台，其余的王台全部毁除，组织成采蜜群。

②中华蜜蜂的分群方法

中蜂的分蜂性比意蜂强，用上述意蜂的分群方法不能解除中蜂的分蜂热。当蜂群内的分蜂王台封盖、强烈的分蜂热已形成时，采用毁台压制的方法是无益的。可将原群的老王和所有的卵虫脾留下，尽毁巢内王台，酌加空脾或巢础框，让蜂王继续产卵。其余的带蜂巢脾，只选留一个成熟王台组成新群，另置。这样处理后，原群失去大部分封盖子和幼蜂，消除了分蜂热；新分出群因外勤蜂飞返，也解除了分蜂热。分出群哺育负担较轻，新王交尾后可组织成采蜜群。

（2）调整子脾

把发生分蜂热强烈的蜂群中所有封盖子脾全部脱蜂提出，补给弱群，留下全部的卵虫脾。再从其他蜂群中抽出卵虫脾加入该群，使每足框蜜蜂都负担约一足框卵虫脾的哺育饲喂工作，加重蜂群的哺育负担，以此消耗分蜂热蜂群中过剩哺育力。这种方法的不足之处是哺育负担过重，影响蜂蜜生产。

（3）空脾取蜜

流蜜期已开始，蜂群中出现比较严重的分蜂热，可将子脾全部提出放入副群中，强群中只加入空脾，使蜂群所有工蜂全部投入到采酿蜂蜜的活动中，以此减弱或解除分蜂热。空脾取蜜不但能解除分蜂热，而且因巢内无哺育负担，可提高蜂蜜产量50%左右。空脾取蜜的不足是后继无蜂。流蜜期长而进蜜慢，或者紧接着就要进入越冬期，不能采取空脾取蜜。

（4）提出蜂王

当大流蜜期马上就要到来，蜂群发生不可抑制的分蜂热时，为了确保当季的蜂蜜高产，可采取提出蜂王的方法解除强烈分蜂热。将蜂王和带蜂的子脾蜜脾各一框提出，另组一群，或者干脆去除蜂王。原群每个巢脾均脱蜂仔细检查王台，将蜂群内所有的封盖王台全部毁弃，保留所有的未封盖的王台。过足7d，除了选留一个成熟王台之外，其余的尽毁。这样处理后的蜂群没有条件分蜂。大流蜜期到来时，由于巢内哺育负担轻，蜂群便可大量投入采集活动。流蜜期过后，新王也开始产卵，有助于蜜蜂群势的恢复。

3. 分蜂团收捕

在分蜂期，由于受气候的限制不能及时检查蜂群，或者因检查疏忽，自然分蜂仍可能发生。而旧法饲养的蜂群，自然分蜂更是不可避免。自然分蜂飞出的蜜蜂，会暂时结团于附近的树干或建筑物上，然后再集体飞向远处的新巢。当自然分蜂飞出的蜜蜂集结成分蜂团时，是及时收捕的好时机。此外，刚开始发生分蜂还可立即将巢门关闭，打开纱窗和大盖，并向箱内喷冷水，迫使蜂群先安定下来，然后再进行处理。

东方蜜蜂和西方蜜蜂的性情不同，收捕分蜂团的用具和方法也不同。中蜂性情活跃，收捕中蜂团相对麻烦，中蜂的收捕方法可以用于收捕西方蜜蜂的分蜂团，而常用于收捕西方蜜蜂分蜂团的方法却不适于中蜂。

（1）刚出巢的分蜂群收捕

大批蜜蜂突然涌出巢门，声音嘈杂，蜜蜂在蜂场上空纵横飞行，在此时可采取两种方法处理，即控制蜂王和用收蜂器收蜂。

①控制蜂王

当分蜂群开始涌出巢门时，守候在蜂箱前，在巢门捕捉刚出巢的蜂王。捉到蜂王后，将蜂王放入王笼中，或者用火柴盒囚王。然后把分蜂群的蜂箱移位另置。原巢位放一个空蜂箱，调入一张卵虫脾，一张蜜脾和若干巢础框，王笼夹放在框梁间。分出群结团后因无蜂王，蜂团解散，工蜂飞回原巢位。当蜂群安定之后，调整蜂群并将蜂王放出。

②收蜂器收蜂

蜂群发生分蜂，蜂王已离开蜂箱，但还未结团，可立即将涂有蜂王浸液、蜂蜜或绑有旧脾的收蜂器用长竹竿挑挂在分蜂相对集中的空中，吸引分出群在收蜂器中结团。收蜂笼用竹篾编成，内层铺竹叶，外层铺棕皮。中国台湾地区的收蜂笼外形象斗笠（图4-23A），中国大陆地区的收蜂笼多呈钟状（图4-23B）。

A　　　　　　　　B

图4-23　收蜂笼

（2）分蜂团收捕

如果蜂群分蜂发现较迟，或者处理不及时，分出的蜜蜂已开始结团，就需等待蜂团安定后再进行收捕。分出群稳定结团后一般不再返原巢，所以，分出群收捕后可以放置在任何地方。为了使分蜂团不再次飞出，稳定蜂性，箱内可放 1~2 张幼虫脾和粉蜜脾，同时利用新分蜂的造脾积极性，适当加础造脾。

①中蜂分蜂团的收捕

中蜂的分蜂团常用收蜂笼进行收捕。我国使用收蜂笼多用竹篾编成，收蜂笼的壁既能透气，又不透光。使用前，宜在笼内绑上一小块老旧巢脾伸出笼口作引渡用。也有蜂场使用较常见的编织袋收捕分蜂团（图 4 – 24）。

图 4 – 24　利用编织袋收捕分蜂团

当分出群结团后，先将收蜂笼挑套在蜂团上方，笼的内缘必须接靠蜂团，利用蜜蜂的向上性，以淡烟或软帚驱蜂上移，并以蜂刷或鹅羽顺势催蜂入笼。蜂箱内巢脾布置好后，将蜂笼中的蜂团振落在蜂箱中，迅速盖好箱盖。

②西方蜜蜂分蜂团的收捕

西方蜜蜂分蜂团的收捕，可以采用收捕中蜂分蜂团的方法。美国用纸质材料制造了商业化收蜂笼（图 4 – 25）。将分蜂团收入收蜂笼内（4 – 26），准备蜂箱并在蜂箱中放置巢脾和巢础框。将收蜂笼平放在框梁，蜂团自行转移到巢脾上。也可将收蜂笼内的蜂团直接抖进蜂箱。

国外养蜂者设计制造一种专用收蜂箱（图 4 – 27A），用这种收蜂箱可将蜂团直接抖入箱内，盖好箱盖后便于携带。将收蜂箱中的分蜂团倒在巢门前，使分蜂团自行进入蜂箱（图 4 – 27B）。

西方蜜蜂另一种常用的收捕分蜂团的方法是，准备一个蜂箱和数张巢脾。将一张巢脾的脾面靠近蜂团，引诱结团的蜜蜂爬上巢脾。爬满一脾后，检查蜂王是否已上脾，将这张巢脾放入蜂箱中。再取另一张巢脾继续引蜂，直到蜂王已经上脾，蜂团中的蜜蜂基本收尽。经适当地调整后，将蜂箱的副盖和箱盖盖好，放到选定的地点。

图 4 – 25　美国商业收蜂笼图

图 4 – 26　收入蜂笼中的分蜂团

A　　　　　　　　　　B

图 4 – 27　收蜂箱收捕分蜂团

（引自 Winter，1980）

　　如果分蜂团在小树枝上结团，可轻稳地剪下树枝，将分蜂团直接抖入蜂箱内或抖在蜂箱前（图 4 – 28）。

　　4. 自然分蜂原群的处理

　　自然分蜂发生后，及时检查处理原群。除了保留一个较好的王台外，其余王台全部毁除。适当地提出空脾，保持蜂脾相称。如果原群经第一次分蜂后仍有分蜂热，可从弱群或新分群提出的卵虫脾加入蜂群中，增加哺育蜂的工作量，彻底解除分蜂热。

图 4 - 28　将蜂团抖落在巢前

七、蜂王和王台的诱入

蜂王或王台的诱入是蜂群在无王或由于蜂王衰老、病残需要淘汰的情况下，将它群的蜂王或王台放入蜂群中的一种补充蜂王方法。如果轻率地把非本群蜂王放到蜂群中，往往会发生工蜂围王或破坏王台而造成损失。

诱入蜂王的成功与否，和诱入蜂王时的气候、蜜源、群势以及蜂王的行为和生理状态等因素有关。一般来说，蜂群失王不久尚未改造王台；外界蜜源丰富，没有盗蜂；弱群，老蜂少幼蜂多的蜂群；诱入的蜂王产卵力强，行为稳重，不惊慌乱爬；巢内饲料充足等情况下，诱王比较容易成功。蜂群诱王前应去王毁台，奖励饲喂有助于安全诱王。

1. 直接诱入

在外界蜜粉源条件较好，需诱王的蜂群群势较弱，幼蜂多老蜂少，将要诱入的蜂王产卵力强，可采用直接诱入的方法。蜂王直接诱入的特点是，操作简单，且不影响蜂王的正常发育和产卵。但在条件不理想时，或操作不慎重，诱王容易失败。

直接诱入蜂王后，不宜马上开箱检查，应先在箱外观察。蜂群巢门前工蜂活动正常，一般没有问题，过 2d 后再开箱检查。诱入蜂王后开箱易引起工蜂警觉，可能导致诱王失败。奖励饲喂有助于提高诱王成功率。

如果淘汰旧王更换新王，白天应去除老蜂王。夜晚从交尾群中带脾提出已开始产卵的新蜂王，把此脾平放，有蜂王一面朝上，上梁紧靠在无王群的起落板上，使脾面与蜂箱起落板处于同一平面。用手指稍微驱赶蜂王，当蜂王爬到蜂箱的起落板上时，立即把巢脾拿开，蜂王自动地爬进蜂箱。

也可在夜晚，把无王群的箱盖和副盖打开，从交尾群提出带王的巢脾后，轻稳地将蜂王捉起，放在无王群的框梁上。用这种方法诱王，应特别注意操作时轻稳，不能惊扰蜂群，也不能使蜂王惊慌。

2. 混同气味和转移工蜂注意力诱王

外界有一定的蜜源，但不是非常理想，采用直接诱入的方法诱王有一定的危险，这时可在直接诱王的基础上采用辅助手段，混同气味或转移工蜂的注意力，来保证诱王成功。

混同气味和分散工蜂注意力的诱王方法，是在直接诱王方法的基础上进行的，因此，诱入时的注意事项与直接诱王相同。

傍晚先向无王群喷蜜水，或者喷烟，蜂王体上也适当喷一点蜜水，然后将蜂王直接放入无王群的巢框上梁。

傍晚从无王群中提出一个边脾，在无蜂或少蜂的地方，用蜂蜜绕滴一个直径约150mm蜜圈，在蜜圈的中间也滴数滴蜂蜜。蜂王放入蜜圈中，使蜂王和工蜂各自在蜜圈内外安静地吸蜜。不要惊扰蜜蜂，巢脾轻稳放回蜂箱，并盖好箱盖。

在诱王前1~2h，把辛辣气味较浓的葱、蒜、韭菜、芹菜等切碎，放入无王群和蜂王所在的蜂群。蜂王和无王群的气味混同基本一致后，按直接诱王的方法进行诱王。

3. 间接诱入

蜂王间接诱入，就是把蜂王暂时关闭在能够透气的诱入器，放入蜂群，蜂王被接受后再释放的蜂王诱入方法。这种诱王的方法成功率很高，一般不会发生围死蜂王的事故。在外界蜜源不足，蜂王直接诱入较难成功时多采用这种方法诱王。但是间接诱王比较麻烦，蜜蜂会中止一段时间对蜂王的饲喂，使蜂王的卵巢发育受到影响。间接诱王成功后，将蜂王释放出来常需要过一段时间蜂王才能恢复正常的产卵。

间接诱王的常用工具有全框诱入器、扣脾诱入器、囚王笼，以及临时简便的诱入器，如铁纱卷成的小圆筒等（图4-29）。在诱王操作时，将蜂王放入诱入器中放在框梁上（图4-30）或夹放在框梁间（图4-31），也可用扣脾笼将蜂王扣在巢脾上，连同巢脾一同放入无王群（图4-32）。扣脾诱入器应将蜂王扣在卵虫脾上有贮蜜的部位，同时关入 7 ~ 8 只幼蜂陪伴蜂王。1 ~ 2d 后开箱检查，如果诱入器上的蜜蜂已散开，或者工蜂已开始饲喂蜂王，则说明此蜂王已被无王群接受。若蜂王被蜂群接受，则将蜂王从诱入器放出。如果工蜂仍紧紧地围住诱入器，对诱入器上的蜜蜂吹几口气，工蜂仍不散开甚至还有的工蜂咬铁纱，这说明蜂群还没有接受此蜂王。

图 4 - 29　王笼扣放在框梁上

图 4 - 30　蜂王诱入器

4. 组织幼蜂群诱入蜂王

组织幼蜂群是最安全的诱王方法，对于必须诱入成功的蜂王可采用此法诱入。用脱蜂后的正在出房的封盖子脾和小幼虫脾上的哺育蜂组成新分群，新分群搬离原群巢位，使新分群中少量的外勤工蜂飞返原巢，新分群基本由幼蜂组成。把装有蜂王的囚王笼放入蜂群中的两巢脾中间，等蜂王完全被接受后，再释蜂王。

图 4 – 31　王笼夹放在脾间

图 4 – 32　扣脾笼诱王

5. 被围蜂王解救

　　对诱入蜂王不久的蜂群，要尽量减少开箱检查，以免惊扰蜂群，增加围王的危险。如果需要了解蜂王是否被围，可先在箱外观察。当看到蜜蜂采集正常，巢口又无死蜂或小蜂球，表明蜂王没有被围。若情况反常，就需立即开箱检查。开箱检查围王情况，不需提出巢脾，只要把巢脾稍加移动，从蜂路看箱底即可。如果巢间蜂路和箱底没有聚集成球状蜂团，就说明正常。如果发现蜜蜂结球，说明蜂王已被围困其中，应迅速解救，以免将蜂王围死造成损失。

解救蜂王不能用手捏住工蜂强行拖拉，避免损伤蜂王。解救蜂王可立即把蜂球用手取出投入到温水中，或者向蜂球喷洒蜜水或喷烟雾；或将清凉油的盒盖打开扣在蜂球上等方法驱散蜂球上的工蜂。或向蜂球上滴数滴成熟蜂蜜，把围王工蜂的注意力吸引到吸食蜂蜜上来。最后剩下少量的工蜂死咬蜂王不放，就要仔细用手将这些工蜂捏死。

6. 王台诱入

在诱入王台前一天应毁除所有的王台，如果是有王群，还需除王。诱入的王台为封盖后 6~7d 的老熟王台。如果诱入王台过早，王台中的王蛹发育未成熟，比较娇嫩，容易冻伤和损伤；如果诱入过迟处女王有可能出台。在诱入王台的过程中，应始终保持王台垂直并端部向下，切勿倒置或横放王台，尽量减少王台的震动。

诱入王台的蜂群群势较弱，可在子脾中间的位置，用手指压一些巢房，然后使王台保持端部朝下的垂直状态紧贴在巢脾上的压倒巢房的部位，牢稳地嵌在凹处（图 4-33）。如果群势较强，可直接夹在两个巢脾上梁之间。

图 4-33　王台诱入
（引自 Winter, 1980）

在给群势稍强的蜂群诱入王台时，王台诱入后常遭破坏。为保护王台，可用铁丝绕成弹簧形的王台保护圈加以保护。王台圈的下中直径为 6mm，上口直径为 18mm，长 35mm。使用时，先将成熟王台取下，垂直地放入保护圈内，王台端部顶在此圈下口，上部用小铁片封住，放在两个子脾之间。

也可以用香烟盒中的锡箔代替王台保护圈。即把王台用锡箔包裹在王台侧面和上端，仅把下端部露出，以供处女王出台。

八、盗蜂防止

盗蜂是指进入其他蜂群的巢中搬取贮蜜的外勤工蜂。盗蜂有时是指蜂场出现一群蜜蜂去抢夺另一群巢内贮蜜的现象。盗蜂这一生物学特性是蜜蜂种内竞争的一种形式表现，在自然界，蜜蜂盗蜂特性有利于在蜂群密度过大的条件下，促进蜂群间的食物激烈竞争，其结果能淘汰弱群、病群以及其他不正常的蜂群，使竞争保留下来的蜂种更能适应自然。人工饲养的蜂群，往往几十群甚至上百群集中在一起，远远超过自然界的蜂群密度，因此，人工饲养蜜蜂盗蜂问题非常突出。

1. 盗蜂识别

窜入它群巢内抢搬贮蜜的蜂群，称为作盗群，而被盗蜂抢夺贮蜜的蜂群称为被盗群。蜂场发生盗蜂，要采取制止措施，往往需要先识别出作盗群。一般来说，只要蜂场之间不是靠得太近，盗蜂多来自于本蜂场。盗蜂比较积极，往往早出晚归。在非流蜜期，如果个别蜂群进出巢繁忙，巢门前无厮杀现象，且进巢的蜜蜂腹大，出巢的蜜蜂腹小，该群有可能是作盗群。准确判断作盗群可在被盗群的巢门附近撒一些干薯粉，然后在全场蜂群的巢门前巡视。若发现体上沾有白色粉末的蜜蜂进入蜂箱，即可断定该蜂群就是作盗群。

2. 盗蜂预防

蜂场发生盗蜂会给养蜂生产带来很多的麻烦，虽然出现盗蜂后有一定的制止盗蜂的措施，但是采取有效的措施都需要付出比较大的代价。在蜂群的饲养管理过程中，只要措施得当，盗蜂是可以避免的。所以，避免盗蜂重在预防。

（1）选择蜜源丰富的场地放蜂

盗蜂发生最根本的原因是蜜源不足。预防盗蜂首先应考虑尽量选择在蜜蜂活动的季节，蜜粉源丰富且花期连续的场地放蜂。

（2）调整合并蜂群

最初被盗的蜂群多数为弱群、无王群、患病群和交尾群等，最初盗蜂控制不力，就会发展更大规模的盗蜂。因此，在流蜜期末和无蜜源等容易发生盗蜂的季节前，进行调整、合并等处理容易被盗群。易盗蜂的季节，全场蜂群的群势应均衡，不宜强弱相差悬殊。

（3）加强蜂群守卫能力

在易发生盗蜂的季节，应适当的缩小巢门、紧脾、填补箱缝，使盗蜂不容易进入被盗群的巢内，即使勉强进入巢内也不容易上脾。为了阻止盗蜂从巢门进入巢内，可在巢门上安装巢门防盗装置。

（4）避免盗蜂采集冲动

促使蜜蜂出巢采集的因素，都能够刺激盗蜂发生。在外界蜜源稀绝时，采集蜂的注意力会转移到其他蜂群的贮蜜上来，因而便产生了盗蜂。在非流蜜期减少蜜蜂出巢活动，有利于防止盗蜂。在蜂群管理中应注意留足饲料，避免阳光直射巢门，非育子期不奖饲蜂群等。蜜、蜡、脾应严格封装，蜂场周围不可暴糖、蜜、蜡、脾。尤其是饲喂蜂群时更应注意不能把糖液滴到箱外，万一不慎将糖液滴到箱外，也应及时用土掩埋或用水冲洗。

（5）避免吸引盗蜂

蜂箱中散发出来的蜜蜡气味易吸引盗蜂。因此，蜂箱应严密，尤其对盗性强防守能力弱的中蜂更为重要。中蜂饲养为了防止盗蜂，需在箱体外围的上部加钉一圈保护条，盖上箱盖后，使保护条与箱盖严密配合。

盗蜂季节白天不可开箱，应尽量选择在清晨或傍晚时进行，以防巢内的蜜脾气味吸引盗蜂。如果需要在蜜蜂活动的时间开箱，可在开箱时罩防盗布检查蜂群（图4-34）。

图4-34　用防盗布检查蜂群

（6）中意蜂不宜同场饲养

中意蜂同场饲养或中意蜂场距离过近往往容易互盗。中蜂个体耐寒力强，采集飞行所要求的温度低。在早春或南方冬季，中意蜂同场经常出现中蜂骚扰意蜂。意蜂个体大，群势强，当气温比较高时，外界蜜粉源不足，意蜂就会进攻中蜂，而中蜂无法抵抗意蜂的侵袭，常发生因意蜂来盗使中蜂逃群。在流蜜期，如果放蜂密度过大，或者气候因素造成的泌蜜量不多，中蜂采集积极，出勤早，在意蜂出勤之前，就将蜜源植物上的花蜜采光，等意蜂大量出巢后，外界已无蜜可采，接着就容易发生大规模的意蜂盗中蜂的现象。中意蜂也只能在外界蜜源十分丰富的条件同场才会相安无事。因此，在选择场地时，注意中意蜂不宜长期共处同一场地，尤其是在蜜源不足的情况下。

3. 制止盗蜂

发生盗蜂后应及时处理，以防发生更大规模的盗蜂。所采取的具体止盗方法，应根据盗蜂发生的程度来确定。

（1）刚发生少量的盗蜂

一旦出现少量盗蜂，应立即缩小被盗群和作盗群的巢门，以加强被盗群的防御能力和造成作盗群蜜蜂进出巢的拥挤。被盗群用乱草虚掩巢门，可以迷惑盗蜂，使盗蜂找不到巢门（图 4 - 35），或者在巢门附近涂石炭酸、煤油等驱避剂。

图 4 - 35　巢门前塞茅草止盗

（2）单盗的止盗方法

单盗就是一群作盗群的盗蜂，只去一个被盗群搬取蜂蜜的现象。在盗蜂发生的初期，可采用上述的方法处理。如果盗蜂比较严重，上述方法无效，可采取白天临时取出作盗群的蜂王，晚上再把蜂王放回原群，造成作盗蜂群的失王不安，消除采集的积极性，减弱其盗性。

（3）一群盗多群的止盗方法

当发生一群蜜蜂同盗多群时，制止盗蜂的措施主要是打击作盗群的采集积极性。除了可以暂时取出作盗群蜂王之外，还可以采取将作盗群移位的措施，原位放一空蜂箱，箱内放少许的驱避剂，使归巢的盗蜂感到巢内环境突然恶化，使其失去盗性。

（4）多群盗一群的止盗方法

出现这种情况，止盗措施的重点在被盗群。被盗群暂时移位幽闭，原位放置加上继箱的空蜂箱，并把纱盖盖好，可不盖箱盖，巢门反装脱蜂器，使蜜蜂只能进不能出。盗蜂都集中在有光亮的纱盖下面，傍晚放走盗蜂，这种方法 2～3d 就可止盗，然后再将原群搬回。另一种止盗方法是在被盗群反装脱蜂器后，傍晚将此蜂群迁出 5km 处的地方，饲养月余后再搬回。第三种止盗方法是打击盗蜂，将被盗群移位，原位放一个有几张空脾的蜂箱，使盗蜂感觉此箱蜜已盗空，失去再盗此群的兴趣。如果此空箱内放一把艾草或浸有石炭酸的碎布片，对盗蜂产生忌避作用，止盗的效果更好。采用这种方法应注意加强被盗群附近蜂群的管理，以免盗群转而进攻被盗群邻近的蜂群。

（5）多群互盗的止盗方法

蜂场发生盗蜂处理不及时，已开始出现多群互盗，甚至全场普遍盗蜂，可采将全场蜂群全部迁到直线距离 5km 以外的地方。这是止盗最有效的方法，但是，迁场要受到很多条件的限制，增加养蜂成本。

第五章

蜜蜂养殖的四季管理

气候变化直接影响蜜蜂的发育和蜂群的生活，同时通过对蜜粉源植物开花的影响，又间接地作用于蜂群的活动和群势的消长。随着一年四季气候周期性的变化，蜜粉源植物的花期和蜂群的内部状况也呈周期性的变化。蜂群的阶段管理就是根据不同阶段的外界气候、蜜源条件，蜂群本身的特点，以及蜂场经营的目的、所饲养的蜂种特性、病敌害的消长规律、所掌握的技术手段等，明确蜂群饲养管理的目标和任务，制定并实施某一阶段的蜂群管理方案。

蜂群饲养管理是一项科学性很强的技术。养蜂需要严格遵守自然规律，正确地处理蜂群与气候、蜜源之间的关系，根据蜜蜂生物学的特性和我们的目标，科学地引导蜂群活动。注意掌握蜂群壮年蜂出现的高峰期和主要流蜜期或授粉期相吻合。这是奠定蜜、蜡、浆、粉、胶、毒和虫蛹等蜜蜂产品高产，以及高效授粉的基础，也是养蜂技术的综合措施。

全国各地的养蜂自然条件千变万化，即使同一地区，每年的气候和蜜粉源条件，以及蜂群状况也不尽相同。因此，学习阶段管理要掌握基本的原理，在养蜂生产实践中，根据具体的情况具体分析，制定实施管理方案，切不可死搬教条，墨守成规。

一、蜂群春季增长阶段管理

春季是蜂群周年饲养管理的开端，蜂群春季增长阶段是从蜂群越冬结束、蜂王产卵开始，直到流蜜阶段到来止。此阶段根据外界气候、蜜粉源条件和蜂群的特点，可划分为恢复期和发展期。

越冬工蜂经过漫长的越冬期后，生理机能远远不如春季培育的新蜂。蜂王开始产卵后，越冬蜂腺体发育，代谢加强，加速了衰老。因此，在新蜂没有出房之前，越冬工蜂就开始死亡。此时，蜜蜂群势非但没有发展，而且还继续下降，是蜂群全年最薄弱的时期。当新蜂出房后逐渐地取代了越冬蜂，蜜蜂群势开始恢复上升。当新蜂完全取代越冬蜂，蜜蜂群势恢复到蜂群越冬结束时的水平，标志着早春恢复期的结束。蜂群恢复期一般需要 30~40d。蜂群在恢复期，因越冬蜂体质差、早春管理不善等越冬蜂死亡数量一直高于新蜂出房的数量，使蜂群的恢复期延长，甚至群势持续下降直至蜂群灭亡造成春衰。蜂群结束恢复期后，群势上升，直到主要蜜源流蜜期前，这段时间为蜂群的发展期。处于发展期的蜂群，群势增长迅速。发展后期蜂群的群势壮大，应注意控制分蜂热。春季发展阶段的管理是全年养蜂生产的关键，春季蜂群发展顺利就可能获得高产，否则可能导致全年养蜂生产失败。

（一）春季增长阶段的养蜂条件、管理目标和任务

我国春季虽然南北各地的条件差别很大，但是由于蜂群都处于流蜜期前的恢复和增长状态，因此，无论是蜂群的状况和养蜂管理目标，还是蜂群管理的环境条件都有相似之处。

1. 春季增长阶段养蜂条件的特点

养蜂主要条件包括气候、蜜源和蜂群。我国各地蜂群春季增长阶段的条件特点基本一致。早春气温低，时有寒流；蜜蜂群势弱，保温能力和哺育能力不足；蜜粉源条件差，尤其花粉供应不足。随着时间的推移，养蜂条件逐渐好转，天气越来越适宜；蜜粉源越来越丰富，甚至有可能出现粉蜜压子脾现象；蜜蜂群势越来越强，后期易发生分蜂热。

2. 春季增长阶段的管理目标

为了在有限的蜂群增长阶段培养强群，使蜂群壮年蜂出现的高峰期与主要花期吻合，此阶段的蜂群管理目标，是以最快的速度恢复和发展蜂群。

3. 春季增长阶段的管理任务

根据管理目标，蜂群春季增长阶段的主要任务是克服蜂群春季增长阶段的不利因素，创造蜂群快速发展的条件，加速蜜蜂群势的增长和蜂群数量的增加。

4. 蜂群快速发展所需要的条件和影响蜂群增长的因素

蜜蜂群势快速增长必须具备有产卵力强和控制分蜂能力强的优质蜂王、适当的群势、饲料充足、适宜的巢温等条件。

春季增长阶段影响蜜蜂群势增长的常见因素主要有外界低温和箱内保温不良、保温过度、群势衰弱和哺育力不足、巢脾贮备不足影响扩巢，以及发生病敌害、盗蜂、发生分蜂热等。

（二）春季增长阶段的蜂群管理措施

蜂群春季增长阶段管理的一切工作都应围绕着创造蜂群快速增长的条件和克服不利蜜蜂群势增长的因素进行。其他季节的流蜜期前蜂群增长阶段管理可参照春季管理进行。

1. 选择放蜂场地

放蜂场地的优劣将会直接影响蜂群的发展和生产。蜂群春季增长阶段场地的要求是周围一定要有良好的蜜粉源，尤其粉源更重要。因为幼虫的发育花粉是不可缺少的，粉源不足就会影响蜂群的恢复和发展。虽然可以补饲人工蛋白质饲料，但是饲喂效果远不如天然花粉。蜂群增长阶段中后期，群势迅速壮大，糖饲料消耗增多，此时养蜂场地的蜜源就显得非常重要。蜂群春季的养蜂场地，初期粉源一定要丰富，中、后期则要蜜、粉源同时兼顾。

蜂群增长阶段理想的蜜源条件是蜂群的进蜜量等于耗蜜量，也就是蜂箱内的贮蜜不增加也不减少。蜜源不足蜂群将自行调节蜂王的产卵量，影响蜜蜂群势增长；流蜜量大，采进的花蜜挤占了蜂王产卵巢房，影响蜂王产卵速度；蜂群采集工作强度加大，缩短工蜂寿命等，致使蜂群的发展受到影响。在养蜂实践中优先选择蜂群贮蜜量缓慢增长的蜜源，如果在贮蜜量缓慢减少的蜜源场地，则需奖励饲喂。

春季蜂场应选择在干燥、向阳、避风的场所放蜂，最好在蜂场的西北两个方向有挡风屏障。如果蜂群只能安置在开阔的田野，就需用土墙、篱笆等在蜂箱的北侧和西侧阻挡寒冷的西北风。冷风吹袭使巢温降低，不利于蜂群育子，并迫使蜜蜂消耗大量的贮蜜，加强代谢产热，加速了工蜂衰老。为蜂群设立挡风屏障是北方春季管理的一项不可忽视的措施。

2. 促使越冬蜂排泄飞翔

正常蜜蜂都在巢外飞翔中排泄。越冬期间蜜蜂不能出巢活动，消化产生的粪便只能积存在直肠中。在越冬比较长的地方，越冬后期蜜蜂直肠的积粪量常达自身体重的50%。到了冬末由于腹中粪便的刺激，蜜蜂不能再保持安静的状态，从而使蜂团中心的温度升高。巢温升高，则需更多耗饲料，因此，就会更增加腹中的积粪量。如果不及时促使越冬蜂出巢排泄，蜂群就会患消化不良引起下痢病，缩短越冬蜂寿命。因此，在蜂群越冬末期的适当时间，必须创造条件让越冬蜂飞翔排泄。

3. 箱外观察越冬蜂的出巢表现

在越冬蜂排泄飞翔的同时，应在箱外注意观察越冬工蜂出巢表现。越冬顺利的蜂群，蜜蜂体色鲜艳，腹部较小，飞翔有力敏捷，排泄的粪便少，常像高粱米粒般大小的一个点，或者像线头一样的细条。蜂群越强，飞出的蜂越多。蜜蜂体色黯淡，腹部膨大，行动迟缓，排泄的粪便多，像玉米粒大的一片，排泄在蜂箱附近，有的蜜蜂甚至就在巢门踏板上排泄，这表明蜂群因越冬饲料不良或受潮湿影响患下痢病。蜜蜂从巢门爬出来后，在蜂箱上无秩序的乱爬，用耳朵贴近箱壁，可以听到箱内有混乱的声音，表明该蜂群有可能失王。在绝大多数的蜂群已停止活动，而少数蜂群仍有蜜蜂不断地飞出或爬出巢门，发出不正常的嗡嗡声，同时发现部分蜜蜂在箱底蠕动，并有新的死蜂出现，且死蜂的吻足伸长，则表明巢内严重缺蜜。

4. 蜂群快速检查

快速检查的主要目的是查明的贮蜜、群势及蜂王等情况。早春快速检查，一般不必查看全部巢脾。打开箱盖和副盖，根据蜂团的大小、位置等就能大概判断群内的状况。如果蜂群保持自然结团状态，表明该群正常，可不再提脾查看。如果蜂团处于上框梁附近，则说明巢脾中部缺蜜。如果蜂群散团，则可能失王，应提脾仔细检查。

5. 蜂巢整顿和防螨消毒

蜂群经过排泄飞翔后，蜂王产卵量逐渐增多。但是，蜂王过早地大量产卵，外界气温低，蜂群为维持巢温付出的代价很高，而育子的效率则很低。巢内的饲料消耗完而外界还没有出现蜜粉源，就会出现巢内死亡的蜜蜂多于出房的新蜂。蜂群过早地开始育子，对养蜂生产并非有利。在一定的情况下，还需采取撤出保温、加大蜂路等降低巢温的方法限制蜂王产卵。蜂群紧脾时间多在第一个蜜粉源花期前 20~30d。

蜂巢整顿应在晴暖无风的天气进行。先准备好用硫黄熏蒸消毒过的粉蜜脾和已清理并用火焰消毒过的蜂箱，用来依次换下越冬蜂箱，以减少疾病发生和控制螨害。操作时将蜂群搬离原位，并在原箱位放上一个清理消毒过的空蜂箱，箱底撒上少许的升华硫，每框蜂用药量为 0.5~1.0g，再放入适当数量的巢脾。原箱巢脾提出，将蜜蜂抖入更换箱内的升华硫上，以消灭蜂体上的蜂螨。换下的蜂箱去除蜂箱内的死蜂、下痢、霉点等污物，用喷灯消毒后，再换给下一群蜜蜂。蜂群早春恢复期应蜂多于脾，越弱的蜂群紧脾的程度越高，1.5~2.5 足框蜂放 1 张脾，2.5~3.5 足框的蜂 2 张脾，3.5~4.5 足框蜂 3 张脾，4.5~5.5 足框放 4 张脾。

早春紧脾饲养蜂多脾少，巢脾质量以及巢脾中的饲料数量对蜂群的恢复和发展非常重要。紧脾放入蜂群第一批巢脾应选择培育过 2~3 批虫蛹的浅褐色巢脾，且脾面完全平整。

蜂群早春恢复初期是防治蜂螨最好时机，必须在子脾封盖之前将蜂螨种群数量控制在较低的水平，保证蜂群顺利发展。对于蜂群内少量的封盖子，须割开房盖用硫黄熏蒸。彻底治螨时无论封盖子有多少都不能保留，一律提出割盖熏蒸。

6. 适当进行蜂群保温

蜂群保温早春增长阶段比越冬停卵阶段更重要。蜂群保温不良，则多耗糖饲料、缩短工蜂寿命、幼虫发育不良。特别是当寒流来临时，蜂团紧缩会冻死外围子脾上的蜂子。但是，蜂群保温应适度，过度保温危害更大。

箱内保温把巢脾放在蜂箱的中部，其中，一侧用闸板封隔，另一侧用隔板隔开，闸板和隔板外侧均用保温物填充。框梁上盖覆布，在覆布上再加盖上 3 ~ 4 层报纸，把蜜蜂压在框间蜂路中。盖上铁纱副盖后再加保温垫。

箱外保温用无毒的塑料薄膜，铺在地上，垫一层 10 ~ 15cm 厚的干稻草或谷草，各蜂箱紧靠一字形排列放在干草上，蜂箱间的缝隙也用干草填满。蜂箱上覆盖草帘，最后用整块的塑料薄膜盖在蜂箱上。箱后的薄膜压在箱底，两侧需包住边上蜂箱的侧面。到了傍晚把塑料薄膜向前拉伸，覆盖住整个蜂箱。单箱排列的蜂群外包装，可在蜂箱四周用干草编成的草帘捆扎严实，蜂箱前面应留出巢门。箱底也应垫上干草，箱顶用石块将草帘压住。

双群同箱 2 ~ 2.5 足框的蜂群紧脾时只能放入一个巢脾，这样的蜂群可用双群同箱饲养来加强保温。在蜂箱的中部用闸板隔开，闸板两侧各放一巢脾，各放入一群 2 ~ 2.5 足框的蜂群，分别巢门出入。加强箱内外保温。

联合饲养几个弱群合并为一群，只留一个蜂王产卵。其余的蜂王用王笼囚起来，悬吊在蜂巢中间，到适宜的时候再组织成双王群饲养。还可以用24框横卧式蜂箱隔成几个区，放入 3 ~ 4 个小蜂群组成多群同箱进行联合饲养。

7. 蜂群全面检查

蜂群经过调整后，天气稳定，选择14℃以上晴暖无风的天气，进行蜂群的全面检查，对全场蜂群详细摸底。蜂群的全面检查最好是在外界有蜜粉源时进行，以防发生盗蜂，造成管理上的麻烦。全面检查应作详细的纪录，及时填好蜂群检查记录表。此后应每隔 11 ~ 12d 定期全面检查一次，及时了解全场蜂群恢复发展情况。在蜂群全面检查时，还应根据蜂群的群势增减巢脾，并清理巢脾框梁上和箱底的污物。

8. 蜂群饲喂

保证巢内饲料充足，及时补充粉蜜饲料，避免因饲料不足对蜂群的恢复和发展造成影响。在采取人工饲喂蜜蜂蛋白质饲料措施后，应连续饲喂至外界粉源充足，不可无故中断饲喂。为了刺激蜂王产卵和工蜂哺育幼虫，蜂群度过恢复期后应连续奖励饲喂，促进蜂王产卵和工蜂育子。此阶段糖饲料的饲喂，多将补助饲喂和奖励饲喂两种形式结合。在饲喂操作中，须避免粉蜜压脾和防止盗蜂。为了减少蜜蜂低温采水冻僵巢外，应在蜂场饲水，并在饲水同时，给蜂群提供矿物质盐类。

9. 适时扩大产卵圈和加脾扩巢

春季适时加脾扩大卵圈，是春季养蜂的关键技术之一。加脾扩巢过早，寒流侵袭蜂团收缩，冻死外圈子脾上蜂子；加脾扩巢过迟，蜂王产卵受限，影响蜂群的增长速度。蜂群加脾扩巢可能影响蜂群保温。早春蜂群恢复期不加脾。

蜂群度过恢复期后，群势开始缓慢上升。早期气温较低，群势偏弱，蜂群扩巢应慎重。初期扩巢可先采取用割蜜刀分期将子圈上面的蜜盖割开，并在割盖后的蜜房上喷少许温水，促蜂把子圈外围的贮蜜消耗，扩大蜂王产卵圈。割蜜盖还能起到奖饲的作用。蜜压子脾还可将子脾上的蜂蜜取出来扩大卵圈。蜂王产卵常常偏集在巢脾的前部，可将子脾间隔的调头扩巢。蜂巢中脾间子房与蜜房相对，破坏了子圈完整，蜜蜂将子房相对的巢房中贮蜜清空，提供蜂王产卵，以促使子圈扩大到整个巢脾。

蜂群加脾应同时具备三个条件：巢内所有巢脾的子圈已满，蜂王产卵受限；群势密集，加脾后仍能保证护脾能力；扩大卵圈后蜂群哺育力足够。初期空脾多加在子脾的外侧。万一加脾后寒流来袭，蜂团紧缩，冻伤蜂卵损失较小。气温稳定回升，蜜蜂群势较强可将空脾直接插入蜂巢中间，有利于蜂王在此脾更快产卵。

蜂群春季管理的蜂脾关系一般为先紧后松，也就是早春蜂多于脾，随着外界气候的回暖，蜜源增多，群势壮大，蜂脾关系逐渐转向蜂脾相称，最后脾多于蜂。当蜂群内的巢脾数量达到 9 张时，标志着蜂群进入幼蜂积累期，此时暂缓加脾。箱内的巢脾已能满足蜂王产卵的需要。蜂群逐渐密集到蜂脾相称时，再进行育王、分群、产浆、强弱互补和加继箱组织采蜜群等措施。

单箱饲养的蜂群加继箱后，巢内空间突然增加一倍，不利保温，同时也增加了饲料消耗。但是，不加继箱蜂巢拥挤，容易促使蜂群产生分蜂热。可采取分批上继箱解决这一矛盾。先调整一部分蜂群上继箱，从巢箱中抽调

5~6个新封盖子脾、幼虫脾和多余的粉蜜脾到继箱上，巢箱内再加入空脾或巢础框，供造脾和产卵。巢继箱之间加平面隔王栅，将蜂王限制在巢箱中产卵。再从暂不上继箱的蜂群中，带蜂抽调1~2张老熟封盖子脾加入到邻近的巢箱中。不上继箱的蜂群也加入空脾或巢础框供蜂产卵。加继箱蜂群巢继箱的巢脾数应一致，均放在蜂箱中的同一侧，并根据气候条件在巢箱和继箱的隔板外侧酌加保温物。待蜜蜂群势再次发展起来后，从继箱强群中抽出老熟封盖子脾，帮助单箱群上继箱。加继箱时，巢脾提入继箱谨防蜂王误提到继箱。

10. 蜂群强弱互补

为了促使产卵迟的蜂群尽快育子，可从已产卵的蜂群中抽出卵虫脾加入到未产卵的蜂群。既能充分利用未产卵蜂群的哺育力，又能刺激蜂王开始产卵。

早春气温低，弱群因保温和哺育能力不足，产卵圈扩大有限，易将弱群的卵虫脾适当调整到强群，另调空脾让蜂王产卵。从较强蜂群中调整正在羽化出房的封盖子给弱群，以加强弱群的群势。强弱互补可减轻弱群的哺育负担，迅速加强弱群的群势，又可充分利用强群的哺育力，抑制强群分蜂热。春季蜂群发展阶段，尽可能保持8~10足框最佳增长群势。蜜蜂群势低于8足框，不宜抽出封盖子脾补充弱群。

11. 尽早育王及时分群

提早育王，及时分群，对提高蜂王的产卵力，培养和维持强群，增加蜂群的数量，扩大养蜂生产规模，增加经济效益均有着重要的意义。

越冬后的蜂王，多为前一年秋季，甚至是前一年春季增长阶段培育的，不及时换王，可能影响蜜蜂群势的快速增长和维持强群。人工育王时间受气候影响各地有所不同，多在全场蜂群普遍发展到6~8足框时进行。提早育王至少需见到雄蜂出房。春季第一次育王时的蜜蜂群势普遍不强，为保证培育蜂王的质量和数量，人工育王应分2~3批。

春季增长阶段进行人工分群，应在保证采蜜群组织的前提下进行。根据蜜蜂群势和距离主要蜜源泌蜜的时间，相应采单群平分、混合分群、组织主副群、补强交尾群和弱群等方法，增加蜂群数量。

12. 控制分蜂热

春季蜂群增长阶段的中后期，群势迅速壮大。当蜂群达到一定的群势时，就会产生分蜂热。出现分蜂热的蜂群既影响蜂群的发展，又影响生产。所以，在增长阶段中后期应注意采取措施，控制分蜂热。

二、蜂蜜生产阶段管理

蜂蜜是养蜂生产最主要的产品。蜂蜜生产受到主要蜜源花期和气候的严格控制，蜂蜜生产均在主要蜜源花期进行。一年四季主要蜜源的流蜜期有限，适时大量地培养与大流蜜期相吻合的适龄采集蜂，是蜂蜜高产所必需的。

（一）蜂蜜生产阶段的养蜂条件、管理目标和任务

1. 蜂蜜生产阶段的养蜂条件特点

蜂蜜生产阶段总体上气候适宜、蜜粉源丰富、蜜蜂群势强盛，是周年养蜂环境最好的阶段。但也常受到不良天气和其他不利因素的影响而使蜂蜜减产，如低温、阴雨、干旱、洪涝、大风、冰雹，蜜源的长势、大小年、病虫害以及农药危害等。蜂蜜生产阶段可分为初期、盛期和后期，不同时期养蜂条件的特点也有所不同。流蜜阶段初盛期蜜蜂群势达到最高峰，蜂场普遍存在不同程度分蜂热，天气闷热和泌蜜量不大时，常发生自然分蜂。流蜜阶段的中后期因采进的蜂蜜挤占育子巢房，影响蜂王产卵，甚至人为限卵，巢内蜂子锐减。高强度的采集使工蜂老化，寿命缩短，群势大幅度下降。在流蜜期较长，几个主要蜜源花期连续或蜜源场地缺少花粉的情况下，蜜蜂群势下降的问题更突出。流蜜后期蜜蜂采集积极性和主要蜜源泌蜜减少或枯竭的矛盾，导致盗蜂严重。尤其在人为不当采收蜂蜜的情况下，更加剧了盗蜂的程度。

2. 蜂蜜生产阶段的管理目标

蜂蜜生产阶段是养蜂生产最主要的收获季节，周年的养蜂效益主要在此阶段实现。一般养蜂生产注重追求蜂蜜等产品的高产稳产，把获得蜂蜜丰收作为养蜂最主要的目的。所以，蜂蜜生产阶段的蜂群管理目标是，力求始终保持蜂群旺盛的采集能力和积极工作状态，以获得蜂蜜等蜂产品的高产稳产。

3. 蜂蜜生产阶段管理的主要任务

根据蜂群在蜂蜜生产阶段的管理目标和阶段的养蜂条件特点，该阶段的管理任务可确定为：组织和维持强群，控制蜂群分蜂热。中后期保持适当的群势，为流蜜阶段结束后的蜂群恢复和发展，或者进行下一个流蜜期生产打下蜂群基础。在采蜜的同时还需兼顾产浆、脱粉、育王等工作。

（二）采蜜群组织

在养蜂生产中，由于种种原因很难做到在主要蜜源花期到来之前，全场的蜂群全部都能培养成强大的采蜜群。因此，我们应根据蜂群、蜜源等特点，采取不同的措施，组织成强大的采蜜群，迎接流蜜阶段的到来。组织意蜂采蜜群，可以采取下述方法。

1. 加继箱

在大流蜜期开始前30d，将蜂数达8～9足框，子脾数达7～8框的单箱群添加第一继箱。从巢箱内提出2～3个带蜂的封盖子脾和框蜜脾放入继箱。从巢箱提脾到继箱，应在巢箱中找到蜂王，以避免将蜂王误提入继箱。巢箱内加入2张空脾或巢础框供蜂王产卵。巢箱与继箱之间加隔王栅，将蜂王限制在巢箱产卵。继箱上的子脾应集中在两蜜脾之间，外夹隔板，天气较冷还需进行箱内保温。提上继箱的子脾如有卵虫应在第7～9d彻底检查1次，毁除改造王台，以免处女王出台发生事故。

2. 蜂群调整

在蜂群增长阶段中后期，通过群势发展的预测分析，估计到蜂蜜生产阶段，蜜蜂群势达不到采蜜生产群的要求，可根据距离主要蜜源花期的时间来采取调入卵虫脾、封盖子脾等措施。

主要蜜源花期前30d左右，可以从副群中抽出卵虫脾补充主群。补充卵虫脾的数量要与该群的哺育力和保温能力相适应，必要时可分批加入卵虫脾。距离蜂蜜生产阶段20d左右，可以把副群或特强群中的封盖子脾补给近满箱的中等蜂群。蜂蜜生产阶段前10d左右，采蜜群的群势不足，可补充正在出房的老熟封盖子脾。

3. 蜂群合并

距离蜂蜜生产阶段15～20d，可将两个中等群势的蜂群合并组织采蜜群。合并时，应以蜂王质量好的一群作为采蜜群。将另一群的蜂王淘汰，所有蜜蜂和子脾均并入主群；也可以将蜂王连带1～2框卵虫脾和粉蜜脾带蜂提出，另组副群，其余的蜂脾并入采蜜群。

（三）蜂蜜生产阶段蜂群管理要点

流蜜期蜂群一般的管理原则是：维持强群，控制分蜂热，保持蜂群旺盛的采集积极性；减轻巢内负担，加强采蜜力量，创造蜂群良好的采酿蜜环境；努力提高蜂蜜的质量和产量。此外，还应兼顾流蜜期后的下一个阶段蜂群管理。

1. 处理采蜜与繁殖的矛盾

主要蜜源花期蜜群势下降很快，往往在蜂蜜生产阶段段后期或结束时后继无蜂，直接影响下一个阶段的蜂群的恢复发展、生产或越夏越冬。如果蜂蜜生产阶段采取加强蜂群发展的措施，又会造成蜂群中蜂子哺育负担过重，影响蜂蜜生产。在蜂蜜生产阶段，蜂群的发展和蜂蜜生产是一对矛盾。解决这一矛盾可采取主副群的组织和管理，即组织群势强的主群生产和群势较弱的副群恢复和发展。在流蜜期中，一般用强群、新王群、单王群取蜜，弱群、老王群、双王群恢复和发展。

2. 适当限王产卵

蜂王所产下的卵，约需40d才能发育为适龄采集蜂。在一般的主要蜜源花期中培育的卵虫，对该蜜源的采集作用很小，而且还要消耗饲料，加重巢内工作的负担，影响蜂蜜产量。因此，应根据主要蜜源花期的长短和前后主要蜜源花期的间隔来适当地控制蜂王产卵。

在短促而丰富的蜜源花期，距下一个主要蜜源花期或越夏越冬期还有一段时间，就可以用框式隔王栅和平面隔王栅将蜂王限制在巢箱中，仅2~3张脾的小区内产卵，也可以用蜂王产卵控制器限制蜂王。如果主要蜜源花期长，或者距下一个主要蜜源花期时间很近，在进行蜂蜜生产的同时，还应为蜂王产卵提供条件，兼顾蜂群增长，或者由副群中抽出封盖子脾，来加强主群的后继力量。长途转地的蜂群连续追花采蜜，则应边采蜜边育子，这样才能长期保持采蜜群的群势。

3. 断子取蜜

蜂蜜生产阶段的时间较短，但流蜜量大的蜜源，可在蜂蜜生产阶段开始前5d，去除采蜜群蜂王，或带蜂提出1~2脾卵虫粉蜜和蜂王另组小群。第二天给去除蜂王的蜂群诱入一个成熟的王台。处女王出台、交尾、产卵需要10d左右。也可以采取囚王断子的方法，将蜂王关进囚王笼中，放在蜂群中。这样处理可在流蜜前中期减轻巢内的哺育负担，使蜂群集中采蜜；而流蜜后期或流蜜期后蜂王交尾成功，蜂群便有一个产卵力旺盛的新蜂王，有利于蜂群流蜜期后群势的恢复。断子期不宜过长，一般为15~20d。断子期结束，在蜂王重新产卵后子脾未封盖前治螨。

4. 抽出卵虫脾

蜂蜜生产阶段采蜜主群的卵虫脾过多，可将一部分的卵虫脾抽出放到副群中培育，还可根据情况同时从副群中抽出老熟封盖子脾补充给采蜜主群，以此增加蜂蜜的产量。

5. 调整蜂路

蜂蜜生产阶段采蜜群的育子区蜂路仍保持8~10mm。贮蜜区为了加强巢内通风，促使蜂蜜浓缩和使蜜脾巢房加高，多贮蜂蜜，便于切割蜜盖，巢脾之间的蜂路应逐渐放宽到15mm即每个继箱内只放8个巢脾。

6. 及时扩巢

流蜜期及时扩巢是蜂蜜生产的重要措施。流蜜期间蜂巢内空巢脾能够刺激工蜂的采蜜积极性。及时扩巢，增加巢内贮蜜空脾，保证工蜂有足够贮蜜的位置是十分必要的。蜂蜜生产阶段采蜜群应及时加足贮蜜空脾。若空脾贮备不足，也可适当加入巢础框。但是在流蜜阶段造脾，会明显影响蜂蜜的产量。

贮蜜继箱的位置通常在育子巢箱的上面。根据蜜蜂贮蜜向上的习性，当第一继箱已贮蜜80%时，可在巢箱上增加第二继箱；当第二继箱的蜂蜜又贮至80%时，第一继箱就可以脱蜂取蜜了。取出蜂蜜后再把此继箱加在巢箱之上。也可加第三、第四继箱，流蜜阶段结束再集中取蜜。空脾继箱应加在育子区的隔王栅上（图5-1）。

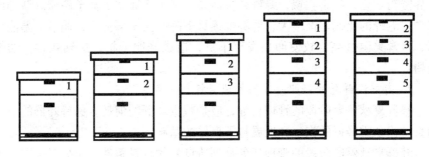

图5-1　流蜜阶段加贮蜜继箱方法

7. 加强通风和遮阳

流蜜阶段将巢门开放到最大限度，揭去纱盖上的覆布，放大蜂路等。同时蜂箱放置的位置也应选择在阴凉通风处。在夏秋季节的蜂蜜生产阶段应加强蜂群遮阳。

8. 取蜜原则

蜂蜜生产阶段的取蜜原则应为初期早取，盛期取尽，后期稳取。流蜜初期尽早取蜜能够刺激蜂群采蜜的积极性，也有利于抑制分蜂热；流蜜盛期应及时全部取出贮蜜区的成熟蜜，但是应适当保留育子区的贮蜜，以防天气突然变化，出现蜂群拔子现象。流蜜后期要稳取，不能将所有蜜脾都取尽，以防蜜源突然中断，造成巢内饲料不足和引发盗蜂。在越冬前的蜂蜜生产阶段还应贮备足够的优质蜂盖蜜脾，以作为蜂群的越冬饲料。

三、南方蜂群夏秋停卵阶段管理

夏末秋初是我国南方各省周年养蜂最困难的阶段，越夏后一般蜂群的群势下降约50%。如果管理不善，此阶段易造成养蜂失败。

（一）南方蜂群夏秋停卵阶段的养蜂条件特点、管理目标和任务

1. 南方蜂群夏秋停卵阶段的养蜂条件特点

我国南方气候炎热、粉蜜枯竭、敌害严重。南方蜂群夏秋困难最主要的原因是外界蜜粉源枯竭。蜂群生存和发展必然要受外界蜜粉源条件和巢内饲料贮存所限。另外，许多依赖粉蜜为食的胡蜂，在此阶段由于粉蜜源不足而转入危害蜜蜂。江浙一带6~8月，闽粤地区7~9月，天气长时间持高温，外界蜜粉缺乏，敌害猖獗，蜂群减少活动，蜂王产卵减少甚至停卵。新蜂出房少，老蜂的比例逐渐增大，群势也逐日下降。由于群势小，调节巢温能力弱，常常巢温过高，致使卵虫发育不良，造成蜂卵干枯，虫蛹死亡，幼蜂卷翅。

2. 南方蜂群夏秋停卵阶段的管理目标和任务

蜂群夏秋停卵阶段的管理目标，应是减少蜂群的消耗，保持蜂群的有生力量，为秋季蜂群的恢复和发展打下良好的基础。

蜂群夏秋停卵阶段的管理任务是创造良好的越夏条件，减少对蜂群的干扰，防除敌害。蜂群所需要越夏的条件包括蜂群阴凉、巢内粉蜜充足和保证饲水。减少干扰就是将蜂群放置在安静的场所，减少开箱。防除敌害的重点主要是胡蜂，越夏蜂场应采取有效措施防止胡蜂的危害。

（二）蜂群夏秋停卵阶段的准备

为了使蜂群安全地越夏度秋，在蜂群进入夏秋停卵阶段之前，必须做好补充饲料、更换蜂王、调整群势等准备工作。

1. 饲料充足

夏秋停卵阶段长达2个多月，外界又缺乏蜜粉源，该阶段饲料消耗量较

大。如果此阶段群内饲料不足，就会促使蜂群出巢活动，加速蜂群的生命消耗，严重缺蜜还会发生整群饿死的危险。在停卵阶段饲喂蜂群，刺激蜜蜂出巢活动，易引起盗蜂。所以，在夏秋停卵阶段前的最后一个蜜源，应给蜂群留足饲料。最好再贮备一些成熟蜜脾，以备夏秋季节个别蜂群缺蜜直接补加。据测定，一个2.5框放4张脾的中蜂群，在夏秋停卵阶段每日耗蜜50g左右。一个蜂群应备有3~5张封盖蜜脾。如果巢内贮蜜不足，就应及时进行补饲。

2. 更换蜂王

南方蜂群全年很少完全停卵，因此蜂王产卵力衰退比较快。为了越夏后蜜蜂群势正常恢复和发展，应在夏秋停卵阶段之前，培育一批优质蜂王，淘汰产卵力开始衰退的老、劣蜂王。

3. 调整群势

南方夏秋季的蜂群，在蜜粉源不足的地区，群势过强会因外界蜜源不足而消耗增大，群势过弱又不利于巢温的调节和抵御敌害。所以，在夏秋停卵阶段前，应对蜂群进行适当调整，及时合并弱小蜂群。调整群势应根据当地的气候、蜜粉源条件和饲养管理水平而定。一般在蜜粉源缺乏的地区，以3足框的群势越夏比较合适。如果山区或海滨有辅助粉蜜源，可组成6~7框的群势进行饲养。

4. 防治蜂螨

南方夏秋季由于群势下降，西方蜜蜂的蜂螨寄生率上升，使蜂群遭受螨害严重。对于早春治螨不彻底，螨害比较严重的蜂群，可在越夏前采取集中封盖子脾用硫黄熏蒸等方法治螨。

（三）蜂群夏秋停卵阶段管理要点

蜂群夏秋停卵阶段管理的要点是：选好场地，降低巢温，避免干扰，减少活动，防止盗蜂，捕杀敌害，防止中毒。

1. 选场转地

在蜜粉源缺乏，敌害多，炎热干燥的地区，或者夏秋经常喷施农药的地方，应选择敌害较少，有一定蜜粉源和良好水源的地方，作为蜂群越夏度秋的场所。华南地区蜂群越夏的经验是海滨越夏和山林越夏。

2. 通风遮阳

夏末秋初，切忌将蜂箱露置在阳光下暴晒，尤其是在高温的午后。蜂群应放置在比较通风，阴凉开阔，排水良好的地面，如果没有天然林木遮阳，还应在蜂箱上搭盖凉棚。为了加强巢内通风，脾间蜂路应适当放宽。

3. 调节巢门

为了防止敌害侵入，巢门的高度最好控制在 7~8mm，必要时还可以加几根铁钉。巢门的宽度则应根据蜂群的群势而定，一般情况下，每框蜂巢门放宽 15mm 为宜。如果发现工蜂在巢门剧烈扇风，还应将巢门酌量开大。

4. 降温增湿

高温季节蜂群调节巢温，主要依靠巢内的水分蒸发吸收热量使巢温降低。蜂群在夏秋高温季节对水的需求量很大。如果蜂群放置在无清洁水源的地方，就需要对蜂群进行饲水。此外，还需在蜂箱周围、箱壁洒水降温。

5. 保持安静，防止盗蜂

将蜂放置比较安静的场所，避免周围嘈杂、震动和烟雾。尽量减少开箱，夏秋季开箱扰乱蜂群的安宁，也会影响蜂群巢内的温湿度，并且还易引起盗蜂。南方大多数地区，夏末秋初都缺乏蜜粉源，是容易发生盗蜂的季节。正常情况下蜂群越夏度秋都有困难，如果再发生盗蜂就更危险了。所以，在蜂群夏秋停卵阶段的管理中，必须采取措施严防盗蜂。

（四）蜂群夏秋停卵阶段后期管理

蜂群度过秋季的恢复阶段，完成蜜蜂的更新以后，才能真正算作蜂群安全越夏。蜂群夏秋停卵阶段的后期管理，实际上就是蜂群秋季增长阶段的恢复期管理。越夏失败的蜜蜂多在此时灭亡。

1. 紧缩巢脾和恢复蜂路

夏秋停卵阶段后期，应对蜂群进行一次全面检查，并随群势下降抽出余脾，使蜂群相对密集，同时将原来稍放宽的蜂路恢复正常。

2. 喂足饲料和补充花粉

9 月，当天气开始转凉、外界有零星粉蜜源、蜂王又恢复正常产卵时，应及时喂足饲料。如果巢内花粉不足，最好能补给贮存的花粉或代用花粉，以加速蜂王产卵。

3. 中蜂防迁飞

在夏秋停卵阶段后期，中蜂最容易迁飞。这是因为长时间缺乏蜜源，巢内贮蜜甚少的缘故。群内无子的蜂群，当外界出现蜜粉源植物开花，就易发生迁飞。受到病敌害侵袭也会发生迁飞。因此，饲养中蜂在此时期，应及时了解蜂群情况，处理出现的问题，做到蜜足、密集、防病敌害、合并弱群、促王产卵，以及防止蜂群的迁飞。

四、蜂群秋季越冬准备阶段管理

南方有些地区冬季仍有主要蜜源植物开花泌蜜，如鹅掌柴、野坝子、枥属植物、枇杷等。如果蜂群准备采集这些冬季蜜源，秋季就应抓紧恢复和发展蜜蜂群势，培养适龄采集蜂，为采集冬蜜做好准备。蜂群的管理要点可参考蜂群春季增长阶段的管理方法。

在我国北方，冬季气候严寒，蜂群需要在巢内度过漫长的冬季。蜂群越冬是否顺利，将直接影响来年的春季蜂群的恢复发展和蜂蜜生产阶段的生产，而秋季蜂群的越冬前准备又是蜂群越冬的基础。所以，北方秋季蜂群越冬前的准备工作对蜂群安全越冬至关重要。

（一）秋季越冬准备阶段的养蜂条件、管理目标和任务

1. 北方秋季越冬准备阶段的养蜂条件特点

北方秋季的养蜂条件的变化趋势与春季相反，随着临近冬季养蜂条件越来越差，气温逐渐转冷，昼夜温差增大，蜜粉源越来越稀少，盗蜂比较严重，蜂王产卵和蜜蜂群势也呈下降趋势。

2. 北方秋季越冬准备阶段的管理目标

北方蜂群的越冬准备阶段的管理目标是培育大量健壮、保持生理青春的适龄越冬蜂和贮备充足优质的越冬饲料，为蜂群安全越冬创造必要的条件。

3. 北方秋季越冬准备阶段的管理任务

北方越冬准备阶段的管理任务主要两点，培育适龄越冬蜂和贮足越冬饲料。

适龄越冬蜂是北方秋季培育的，未经参加哺育和高强度采集工作，又经充分排泄，能够保持生理青春的健康工蜂。在此阶段的前期更换新王，促进蜂王产卵和工蜂育子，加强巢内保温，培育大量的适龄越冬蜂。后期应采取措施适时断子和减少蜂群活动等措施保持蜂群实力。此外，在适龄越冬蜂的培育前后还需彻底治蜂螨，在培育越冬蜂期间还需防病，贮备越冬饲料。

（二）适龄越冬蜂的培育

只有适龄越冬蜂度过北方寒冷而又漫长的冬天后才能够正常培育蜂子，参加过高强度采集、哺育和酿蜜工作，或者出房后没有机会充分排泄的工蜂，都无法安全越冬。培育适龄越冬蜂既不能过早，也不能过迟。过早，培

育出来的新蜂将会参加采酿蜂蜜和哺育工作；过迟，培育的越冬蜂数量不足，甚至最后一批的越冬蜂来不及出巢排泻。因此，在有限的越冬蜂培育时间内，要集中培养出大量的适龄越冬蜂，就需要有产卵力旺盛的蜂王和采取一系列的管理措施。

适龄越冬蜂培育的蜂群管理可分为 3 部分：适龄越冬蜂培育的蜂群准备，适龄越冬蜂的培育，蜂群停卵断子。

1. 适龄越冬蜂培育的蜂群准备

北方秋季越冬准备阶段的前期工作围绕着促进蜂王产卵、提供充足的营养、创造适宜的巢温培育大量健康工蜂等进行。

更换蜂王为了大量集中地培育适龄越冬蜂，就应在初秋培育出一批优质的蜂王，以淘汰产卵力开始下降的老蜂王。更换蜂王之前，应对全场蜂群中的蜂王进行一次鉴定，以便分批更换。

选择场地培育适龄越冬蜂，粉源比蜜源更重要。如果在越冬蜂培育期间蜜多粉少就应果断地放弃采蜜，将蜂群转到粉源丰富的场地进行饲养。

保证巢内粉蜜充足培育适龄越冬蜂期间，应有意识地适当造成蜜粉压卵圈，使每个子脾面积只保持在 60% ~ 70%，让越冬蜂在蜜粉过剩的环境中发育。

扩大产卵圈。产卵圈受贮蜜压缩严重，影响蜂群发展，就应及时把子脾上的封盖蜜切开扩大卵圈。此阶段一般不宜加脾扩巢。

奖励饲喂培育适龄越冬蜂应结合越冬饲料的贮备连续对蜂群奖励饲喂，以促进蜂王积极产卵。奖励饲喂应在夜间进行，严防盗蜂发生。

适当密集群势秋季气温逐渐下降，蜂群也常因采集秋蜜而群势逐渐衰弱。为了保证蜂群的护脾能力应逐步提出余脾，使蜂脾相称，同时将蜂路缩小到 9 ~ 10mm。

适当保温北方的日夜温差很大，中午热，晚上冷。为了保证蜂群巢内育子所需要的正常温度，应及时做好蜂群的保温工作。

2. 适龄越冬蜂的培育

适龄越冬蜂培育过程的蜂群管理是适龄越冬蜂培育准备的延续，在饲养管理中没有明显的分界。在此时期更注重促进蜂王产卵、提供蜂子发育条件。

全国各地气候和蜜源不同，适龄越冬蜂培育的起止时间也不同。东北和西北越冬蜂培育起止时间为 8 月中、下旬至 9 月中旬；华北为 9 月上旬至 9 月末或 10 月初。一般来说，纬度越高的地区培育越冬蜂的起止时间就越提前。确定培育越冬蜂起止时间的原则是，在保证越冬蜂不参加哺育和采集酿蜜工作的前提下，培育的起始时间越早越好。一般为停卵前 25～30d 开始大量培育越冬蜂；截止时间应在保证最后一批工蜂羽化出房后能够安全出巢排泄的前提下越迟越好，也就是应该在蜜蜂能够出巢飞翔的最后日期之前 30d 左右采取停卵断子措施。

3. 适时停卵断子

蜂王停卵到蜂群越冬，可分为蜂群有子期和无子期。蜂群有子期20～21d，在此期间蜂群管理重点工作是控制蜂王产卵，保证蜂巢良好的发育温度；无子期蜂群管理重点是降低巢温、控制工蜂出勤。

北方秋季最后一个蜜源结束后，气温开始下降，蜂王产卵减少，子圈逐渐缩小，此时就应及时地停卵断子。在外界蜜源泌蜜结束，巢内子脾最多或蜂王产卵刚开始下降时，就应果断地采取措施使蜂王停卵。停卵断子的主要方法是限王产卵和降低巢温。

限制蜂王产卵是断子的有效手段。用框式隔王栅把蜂王限制在 1～2 框蜜粉脾上或用王笼囚王，应注意在囚王断子后 7～9d 彻底检查毁弃改造王台。囚王期间，应继续保持稳定的巢温，以满足最后一批适龄越冬蜂发育的需要。

囚王 20d 后，封盖子基本全部出房，可释放蜂王，通过降低巢温的手段限制蜂王再产卵。蜂王长期关在王笼中对蜂王有害。降低巢温可采取扩大蜂路到 15～20mm，撤除内外保温物，晚上开大巢门，将蜂群迁到阴冷的地方，巢门转向朝向北面等措施，迫使蜂王自然停卵。应注意采取降低巢温措施应在最后一批蜂子全部出房以后。

(三) 贮备越冬饲料

在秋季为蜜蜂贮备优质充足的越冬饲料，保证蜂群安全越冬是蜂群越冬前准备阶段管理的重要任务之一。

1. 选留优质蜜粉脾

在秋季主要蜜源花期中，应分批提出不易结晶、无甘露蜜的封盖蜜脾，并作为蜂群的越冬饲料妥善保存。选留越冬饲料的蜜脾，应挑选脾面平整、雄蜂房少、并培育过几批虫蛹的浅褐色优质巢脾，放入贮蜜区中让蜜蜂贮满蜂蜜。

在粉源丰富的地区还应选留部分粉脾，以用于来年早春蜜蜂群势的恢复和发展。

2. 补充越冬饲料

越冬蜂群巢内的饲料一定要充足。蜂群越冬饲料的贮备，应尽量在流蜜期内完成。如果秋季最后一个流蜜期越冬饲料的贮备仍然不够，就应及时用优质的蜂蜜或白砂糖补充。补充越冬饲料应在蜂王停卵前完成。

补充越冬饲料最好是优质、成熟、不结晶的蜂蜜。蜜和水按 10∶1 的比例混合均匀后补饲给蜂群。没有蜂蜜也可用优质的白砂糖代替。绝对不能用甘露蜜、发酵蜜、来路不明的蜂蜜以及土糖、饴糖、红糖等作为越冬饲料。

（四）严防盗蜂

北方秋季往往是盗蜂发生最严重的季节。此阶段发生盗蜂，处理不当就更会使养蜂失败。

（五）巢脾清理和保存

秋季蜜蜂的群势逐渐下降。在蜂群管理中，此阶段应保证蜂脾相称，及时抽出多余的巢脾。抽出的巢脾对第二年蜂群的恢复和发展非常重要，应及时地进行分类、清理、淘汰旧脾和熏蒸保存。

五、蜂群越冬停卵阶段管理

蜂群越冬停卵阶段是指长江中、下游以及以北的地区，冬季气候寒冷，工蜂停止巢外活动，蜂王停止产卵，蜂群处于半蛰伏状态的养蜂管理阶段。我国北方气候严寒，且冬季漫长。如果管理措施不得当，就会使蜂群死亡，致使第二年养蜂生产无法正常进行。

（一）蜂群越冬停卵阶段的养蜂条件、管理目标和任务

1. 蜂群越冬停卵阶段的养蜂条件特点

冬季我国南北方的气温差别非常大，蜜蜂越冬的环境条件也不同。东北、西北、华北广大地区冬季天气寒冷而漫长，东北和西北常在 -20 ~ -30℃，越冬期长达 5 ~ 6 个月。在越冬期蜜蜂完全停止了巢外活动，在巢内团集越冬。

长江和黄河流域冬季时有回暖，常导致蜜蜂出巢活动。越冬期蜜蜂频繁出巢活动，增加蜂群消耗，越冬蜂寿命缩短，甚至将早晚出巢活动的蜜蜂冻僵在巢外，使群势下降。

2. 蜂群越冬停卵阶段的目标和任务

根据蜂群越冬停卵阶段的养蜂环境特点，此阶段的蜂群管理目标确定为保持越冬蜂健康和生理青春，减少蜜蜂死亡，为春季蜂群恢复和发展创造条件。

蜂群越冬停卵阶段管理的主要任务是，提供蜂群适当的低温，适宜的温度和良好的通风条件，提供充足的优质饲料以及黑暗、安静的环境，避免干扰蜂群，尽一切努力减少蜂群的活动和消耗，保持越冬蜂生理青春进入春季增长阶段。

（二）越冬蜂群的调整和布置

在蜂群越冬前应对蜂群进行全面检查，并逐步对群势进行调整，合理地布置蜂巢。越冬蜂群的强弱，不仅关系越冬安全，翌年春天蜂群的恢复和发展也有大的影响。越冬蜂群的群势调整，要根据当地越冬期的长短和第二年第一个主要蜜源的迟早来决定。越冬期长，来年第一个主要蜜源花期早，就需有较强群势的越冬蜂群。北方蜂群越冬期长达 4~5 个月，强群越冬的优势比较明显；长江中下游地区虽然越冬期较短，但翌年第一个主要蜜源花期早，群势也应稍强一些。北方越冬蜂的群势最好能达到 7~8 足框以上，最低也不能少于 3 足框；长江中、下游地区越冬蜂的群势应不低于 2 足框。越冬蜂群的群势调整，应在秋末适龄越冬蜂的培育过程中进行。预计越冬蜂的群势达不到标准，就应从强群中抽补部分的老熟封盖子脾，以平衡群势。

蜂群越冬蜂巢的布置，一般将全蜜脾放于巢箱的两侧和继箱上，半蜜脾放在巢箱中间。多数蜂场的越冬蜂巢布置是脾略多于蜂。越冬蜂巢的脾间蜂路可放宽到 15~20mm。

1. 双群平箱越冬

2~3 足框的弱群在北方也能越冬，只是越冬后的蜂群很难恢复和发展。这样的弱群除了在秋季或春季合并外，还可以采取双群平箱越冬。将巢箱用闸板隔开，两侧各放入一群这样的弱群。在闸板两侧放半蜜脾，外侧放全蜜脾，使越冬蜂结团在闸板两侧（图 5-2）。

2. 单群平箱越冬

5~6 足框的蜂群单箱越冬，巢箱内入 6~7 张脾；巢脾放在蜂箱的中间，两侧加隔板，中间的巢脾放半蜜脾，全蜜脾放在两侧（图 5-3）。

3. 单群双箱体越冬

7~8 足框蜂群采用双箱体越冬，巢、继箱各放 6~8 张脾。蜂团一般结在巢箱与继箱之间，并随着饲料消耗而逐渐向继箱移动。因此，70%的饲料应放在继箱上，继箱放全蜜脾，巢箱中间放半蜜脾，两侧放全蜜脾（图5-4）。

图5-2　双群同箱越冬
（引自杨冠煌，1993）

图5-3　单群平箱越冬
（引自杨冠煌，1993）

4. 双群双箱越冬

将两5足框的蜂群各带4张脾分别放入巢箱闸板的两侧。巢脾也是按照外侧整蜜脾，闸板两侧半蜜脾原则排放。巢、继箱之间加平面隔王栅，然后再加上空继箱。继箱上暂时不加巢脾，等到蜂群结团稳定，白天也不散团时，继箱中间再加入6张全蜜脾。

5. 拥挤蜂巢布置法

这是前苏联施西庚推广的一种寒冷地区蜂群越冬的蜂巢布置法。这种方法是适当缩减巢脾，使蜜蜂更紧密地拥挤在一起。例如，把7足框的蜂群，紧缩在5个蜜脾的4条蜂路间，以改善保温条件，减少巢内潮湿和蜂蜜的消耗，并相应减少蜜蜂直肠中的积粪。这种方法还能使蜂王来春提早产卵。这种蜂群布置方法，只适合高寒地区蜂群越冬。

图5－4　单群双箱体越冬

（引自杨冠煌，1993）

在蜂箱中央，放3个整蜜脾，两旁各放一个半蜜脾，两侧再加闸板，外面的空隙填充保温物，巢底套垫板，使巢框下梁和巢底距离缩减到9mm。在巢框的上梁横放几根树枝，垫起蜂路，然后盖上覆布，加上副盖，再加盖数张报纸和保温物，最后盖上箱盖（图5－5）。

（三）北方室内越冬

北方室内越冬的效果取决于越冬室温度和湿度的控制和管理水平。

1. 蜂群入室

蜂群入室的前提条件是适龄越冬蜂已经过排泻飞翔，气温下降并基本稳定，蜂群结成冬团。蜂群入室过早，会使蜂群伤热。蜂群入室的时间一般在外界气温稳定下降，地面结冰，但无大量积雪。东北高寒地区蜂群一般在11月上中旬，西北和华北地区常在11月底或12月初入室。

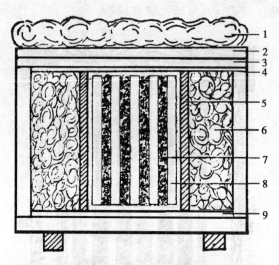

图5-5 拥挤蜂巢布置法
(引自龚一飞，1981)
1. 棉垫；2. 报纸；3. 副盖；4. 覆布；5. 隔板；6. 保温物；7. 蜜蜂；8. 蜜脾；9. 垫板

入室前一天晚上，撬动蜂箱，避免搬动蜂箱时震动。蜂群入室当天，越冬室应尽量采取降温措施，把室温降到0℃以下，所有蜂群均安定结团后，再把室温控制在适当范围。蜂群入室之前，室内应先摆好蜂箱架，或用干砖头垫起，高度不低于400mm。蜂箱直接摆放在地面会使蜂群受潮。蜂群在搬动之前，应将巢门暂时关闭。搬动蜂箱应小心，不能弄散蜂团。蜂群入室可分批进行，弱群先入室，强群后入室。室内的蜂群分三层排放，越冬室内的温度一般是上高下低，所以，应将强群放在下面，弱群放在上层。蜂群在室内的排放，蜂箱应距离墙壁200mm，蜂箱的巢门向外，蜂箱之间的距离保持800mm。蜂群入室最初几天，巢门开大些，蜂群安定后巢门逐渐缩小。

2. 越冬室温度的控制

越冬室内温度应控制在-2~2℃，短时间也不能超过6℃，最低温度最好不低于-5℃。室内温度过高需打开所有进出气孔，或在夜间打开越冬室的门。如果白天室温过高，把雪或冰拌上食盐抬入越冬室内进行降温。测定室内温度，可在第一层和第三层蜂箱高度的各放一个温度计，在中层蜂箱的高度放一个干湿球温度计。

3. 越冬室湿度控制

越冬室的湿度应控制在 75% ~ 85%，过度潮湿将使未封盖的蜜脾中的贮蜜吸水发酵，蜜蜂吸食后就会患下痢病。越冬室过度干燥使巢脾中的贮蜜脱水结晶。结晶的蜂蜜蜜蜂不能取食。东北地区室内越冬一般以防湿为主，在蜂群进入越冬室之前，就应采取措施使越冬室干燥。越冬室潮湿可用调节进出气孔，扩大通风来将湿气排出。室内地面潮湿可用草木灰、干锯末、干牛粪等吸水性强的材料平铺地面吸湿。新疆维吾尔自治区等干燥地区，蜂群室内越冬一般应增湿，在墙壁悬挂浸湿的麻袋和向地面洒水。蜂群还应采取饲水措施，在隔板外侧放一个加满清水的饲喂器，并用脱脂棉引导到脾上梁，在脱脂棉的上方覆盖无毒的塑料薄膜。

4. 室内越冬蜂群的检查

在蜂群入室初期需经常入室察看，当越冬室温度稳定后可减少入室观察的次数，一般 10d 1 次。越冬后期室温易上升，蜂群也容易发生问题，应每隔 2 ~ 3d 入室观察 1 次。

进入室内首先静立片刻，看室内是否有透光之处。注意倾听蜂群的声音，蜜蜂发出微微的嗡嗡声说明正常；声音过大，时有蜜蜂飞出，可能是室温过高，或者室内干燥；蜜蜂发生的声音不均匀，时高时低，有可能室温过低。用医用听诊器或橡皮管测听蜂箱中声音，蜂声微弱均匀，用手指轻弹箱壁，能听到"唰"的一声，随后很快停止，说明正常；轻弹箱壁后声音经久不息，出现混乱的嗡嗡声，可能失王、鼠害、通风不良，必要时可个别开箱检查处理；从听诊器或橡皮管听到的声音极微弱，可能蜂群严重削弱或遭受饥饿，需要立即急救；蜂团发出"呼呼"的声音，说明巢内过热，应扩大巢门或降低室温；蜂团发生微弱起伏的"唰唰"声，说明温度过低，应缩小巢门或提高室温；箱内蜂团不安静，时有"咔咔嚓嚓"等声音，可能是箱内有老鼠危害。听测蜂团的声音，还要根据蜂群的群势和结团的位置分析。强群声音较大，弱群声音较小；蜂团靠近蜂箱前部声音较大，靠近后部声音较小。

越冬蜂群还应进行巢门检查，检查时利用红光手电照射巢门和蜂团。蜂团松散，蜜蜂离脾或飞出，可能是巢温过高，蜂王提早产卵，或者饲料耗尽处于饥饿状态；巢门前有大肚子蜜蜂在活动，并排出粪便，是下痢病；蜂箱内有稀蜜流出，是贮蜜发酵变质；蜂箱内有水流出，是巢内先热后冷，通风不良，水蒸汽凝结成水，造成巢内过湿；从蜂箱底部掏出糖粒是贮蜜结晶现象；巢内死蜂突然增多，且体色正常，腹部较小，可能是蜜蜂饥饿造成的，需要立即急救；出现残体蜂尸和碎渣，是鼠害；某一侧死蜂特别多，很可能是这一侧巢脾贮蜜已空，饿死部分蜜蜂；正常蜂团的蜂群，蜂团已移向蜂箱后壁，说明巢脾前部的贮蜜已空，应注意防止发生饥饿。出现上述不正常的情况，应根据具体条件妥善处理。

（四）北方蜂群室外越冬

蜂群室外越冬更接近蜜蜂自然的生活状态，只要管理得当，室外越冬的蜂群基本上不发生下痢，不伤热，蜂群在春季发展也较快。室外越冬的蜂群巢温稳定，空气流通，完全适于严寒地区的蜂群越冬。室外越冬可以节省建筑越冬室的费用。

1. 室外越冬蜂群的包装

室外越冬蜂群主要进行箱外包装，箱内包装很少。蜂群的包装材料，可根据具体情况就地取材，如锯末、稻草、谷草、稻皮、树叶等。箱外包装的方法，应根据冬季的气候确定包装的严密程度。在蜂群包装过程中，要防止蜂群伤热，最好分期包装。蜂群冬季伤热的危害要比过冷严重得多，所以蜂群室外越冬的包装原则是宁冷勿热。此外，蜂群包装还应注意保持巢内通风和防止鼠害。

蜂群室外越冬的场所需背风、干燥、安静，要远离铁路、公路以及人畜经常活动的地方，避免强烈震动和干扰。可采取砌挡风墙、搭越冬棚、挖地沟等措施，创造避风条件。

蜂群包装不宜过早，应在外界已开始冰冻，蜂群不再出巢活动时进行。包装后，如果蜂群出现热的迹象，应及时去除外包装。第一次包装时间华北地区在12月上旬，新疆在11月中旬，东北在10月中下旬。

（1）草帘包装

华北地区冬季最低气温不低于-18℃的地方，蜂群室外越冬包装可利用预制的草帘包装蜂箱。在箱底垫起100mm厚干草，20~40个蜂箱一字形排放在干草上，蜂箱之间相距100mm，其间塞满干草。将草帘从左至右把箱盖和蜂箱两侧都用草帘盖严，箱后也要用草帘盖好。夜间天气寒冷，蜂箱前也要用草帘遮住（图5-6）。

（2）草埋包装

草埋室外越冬，先砌一高660mm高的围墙。围墙的长度可根据蜂群数量来决定。如果春季需要继续用围墙保温，每3群为一组，以防春季排泄时造成蜂群偏集。在围墙内先垫上干草，然后将蜂箱搬入，蜂箱的巢门板与围墙外头取齐。在每个箱门前放一个"〔"形板桥，前面再放挡板，挡板的缺口正好与"〔"形板桥相配合，使巢门与外界相通。然后在蜂箱周围填充干燥的麦秸、秕谷、锯末等保温材料。包装厚度是，蜂箱后面100mm，前面66~85mm，各箱之间10mm，蜂箱上面100mm。包装时要把蜂箱覆布后面叠起一角，并要在对着叠起覆布的地方放一个60~80mm粗的草把，作为通气孔，草把上端在覆土之上。最后用20mm厚的湿泥土封顶（图5-7）。包装后要仔细检查，有孔隙的地方要用湿泥土盖严，所盖的湿泥土在夜间就会冻结，能防老鼠侵入。

图5-6　草帘包装（孔繁昌摄）

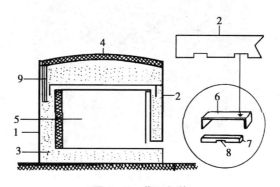

图5-7　草埋包装

1. 后围墙；2. 前挡板；3. 保温材料；4. 泥顶；5. 蜂箱；
6. 越冬巢门；7. 大门；8. 小门；9. 草把

2. 室外越冬蜂群管理

（1）调节巢门

调节巢门是越冬蜂群管理的重要环节。室外越冬包装严密的蜂群要求保留大巢门，冬季根据外界气温变化调整巢门。初包装后大开巢门，随着外界气温下降，逐渐缩小巢门，在最冷的季节还可在巢门外塞些松软的透气的保温物。随着天气回暖，应逐渐扩大巢门。

（2）遮阳

从包装之日起直到越冬结束，都应在蜂箱前遮阳，防止低温晴天蜜蜂飞出巢外冻死。即使低气温下蜜蜂不出巢，受光线刺激也会使蜂团相对松散，引起代谢增强、耗蜜增多。蜂箱巢门前可用草帘、箱盖、木板等物遮阳。

（3）检查

越冬后期应注意每隔 15 ~ 20d 在巢门掏除一次死蜂，以防死蜂堵塞巢门不利通风。在掏除死蜂时尽量避免惊扰蜂群，要做到轻稳。掏死蜂时，发现巢门已冻结，巢门附近的蜂尸已冻实，而箱内的死蜂没有冻实，这表明巢内温度正常；巢门没冻，箱内温度偏高；巢内的死蜂冻实就说明巢内温度偏低。

室外越冬的蜂群整个冬季都不用开箱检查。如果初次进行室外越冬没有经验，可在 2 月检查一次。打开蜂箱上面的保温物材料，逐箱查看。如果蜂团在蜂箱的中部（图 5 - 8），巢脾后面有大量的封盖蜜，蜂团小而紧，就说明越冬正常。

图 5 - 8　越冬蜂团在巢中部

（五）长江中、下游地区蜂群室外越冬

长江中、下游地区蜂群室外越冬管理，重点应放在减少蜜蜂出巢活动，以保持蜂群的实力。管理要点是越冬前囚王断子，留足饲料，迟加保温；在气温突然下降时，把蜂群搬到阴冷的地方；注意遮光，避免蜜蜂受光线刺激出巢；抽出新脾，扩大蜂路；越冬场所不能选择在有油茶、茶树、甘露蜜的地方越冬。越冬后期，才将蜂群迁移到向阳干燥的地方。

（六）越冬不正常蜂群的补救方法

1. 补充饲料

越冬期给蜂群补充饲料是一项迫不得已的措施。由于补充饲料时需要活动巢脾，惊动蜂团，致使巢温升高，蜜蜂不仅过多取食蜂蜜浪费饲料，而且也增多了腹部粪便的积存量，容易导致下痢病。为此，要立足于越冬前的准备工作，为蜂群贮存足够的优质饲料，避免冬季补充饲料的麻烦。

补换蜜脾用越冬前贮备蜜脾补换给缺饲料的蜂群较为理想。如果从贮备蜜脾较冷的仓库中取出，应先移到15℃以上的温室内暂放24h，待蜜脾温度随着室温上升，然后再换入蜂群。换脾时要轻轻将多余的空脾提到靠近蜂团的隔板外侧（让蜜蜂自己离巢返回蜂团），再将蜜脾放入隔板里靠近蜂团的位置。

灌蜜脾补喂。如果贮备的蜜脾不足，可以使用成熟的分离蜜加温溶化或者以2份白砂糖，1份水加温制成糖液，冷却至35～40℃时进行人工灌脾，要按着蜂团占据巢脾的面积浇灌成椭圆形的蜜脾，灌完糖液后要将巢脾放入容器中，待脾上不往下滴蜜时再放入蜂巢中。采用这种方法饲喂，必须把巢内多余的空脾撤到隔板外侧或者撤出去。群强多喂，群弱少喂，一次不可喂得过多。

2. 变质饲料调换

越冬期，巢脾上未封盖蜂蜜直接与巢内空气接触，若越冬室或蜂箱里空气潮湿，蜂蜜就会很快吸水变稀发酵，有时流出巢房。越冬蜂取食发酵蜜导致下痢死亡。越冬饲料出现严重的发酵或结晶现象，应及时用优质蜜脾更换。换脾时，发酵蜜脾不可在蜂箱里抖蜂，以免将发酵蜜抖落在蜂箱中和蜂体上，造成更大危害，要把这些蜜脾提到隔板外让蜜蜂自行爬回蜂团。结晶蜜脾可以抖去蜜蜂直接撤走。

第六章

中蜂养殖技术介绍

中蜂是我国土生土长的蜂种，在长期进化适应过程中，形成了一系列特别能适应我国气候、蜜源条件的生物学特性。在我国的养蜂自然条件下，与西方蜜蜂相比中蜂有很多西方蜜蜂不可比拟的优良特性，采集勤奋、个体耐寒能力强、节约饲料、飞行灵活、善于利用零星蜜源和冬季蜜源、躲避胡蜂敌害和抗螨能力强等。但是，中蜂也有弱点，分蜂性强、蜂王产卵量低、不易维持强群、易迁飞、采蜜量较低等。只有在科学饲养的条件下，才能充分发挥中蜂的优良特性，改进和解决中蜂的弱点。

我国饲养中蜂历史悠久，但科学饲养技术的形成只有数十年。随着对中蜂生物学特性的深入了解，中蜂的饲养技术将会不断地完善。

一、中蜂一般管理技术

（一）蜂群排列

中蜂认巢能力差，但嗅觉灵敏，迷巢错投后易引起斗杀。因此，中蜂排列不能像西方蜜蜂那样整齐紧密，应根据地形、地物尽可能分散，充分利用树木、大石块、小土丘等天然标记物安置蜂群。各群巢门的朝向也应尽可能错开。在山区可利用斜坡梯级布置蜂群，使各箱的巢门方向及前后高低各不相同。

如果放蜂场地有限，蜂群排放密集，可在蜂箱的正面涂以不同的颜色和图形来增强蜜蜂的认巢能力。根据蜜蜂对颜色辨别的特性，蜂箱应分别涂以黄色、蓝色、白色、青色等。安徽一位蜂农在自家长 9m、宽 7m 的庭院内，应用这种方法成功地周年饲养 30 余群中蜂。中蜂排列密集，应注意保持蜂群饲料充足，以减少盗蜂发生；取蜜或其他开箱作业应等开过箱的蜂群完全安定后，再打开邻近蜂箱。

转地采蜜的蜂群，如果场地较小，可以 3～4 群排列成一组，组距 1～1.5m，相邻蜂箱的巢门应错开 45°～90°。蜂群数量多，需要密排时，可把蜂箱垫成高低不同。饲养少数蜂群，可以排在安静屋檐下或围墙及篱笆边作单箱排列。蜂箱排列时，应用 3～4 根竹桩将蜂箱垫高 300～400mm，以防除蚂蚁、白蚁、蟾蜍敌害。

在缺乏蜜源的季节，中蜂不宜与西方蜜蜂排列在一起，以免被西方蜜蜂攻击。即使在流蜜期，如果蜂群密度过大，也会发生西方蜜蜂盗中蜂的现象。

（二）工蜂产卵处理

失王后蜂群内蜂王物质消失，工蜂卵巢开始发育，一定时间后，就会产下未受精卵。这些未受精卵在工蜂巢房中发育成个体较小的雄蜂，这对养蜂生产有害无益。如果对工蜂产卵的蜂群不及时进行处理，此群必定灭亡。

工蜂产卵蜂群比较难处理，既不容易诱王诱台，也不容易合并。失王越久，处理难度越大。所以，失王应及早发现，及时处理。防止工蜂产卵，关键在于防止失王。蜂群中大量的小幼虫，在一定程度能够抑制工蜂的卵巢发育。工蜂产卵群的处理方法，主要是诱王、诱台、合并和工蜂卵脾的处理。发生工蜂产卵，可视失王时间长短和工蜂产卵程度，采取诱王、诱台、蜂群合并、处理卵虫脾等。

1. 诱台或诱王

中蜂失王后，越早诱王或诱台，越容易被接受。对于工蜂产卵不久的蜂群，应及时诱入一个成熟王台或产卵王。工蜂产卵比较严重的蜂群直接诱王或诱台往往失败，在诱王或诱台前，先将工蜂产卵脾全部撤出，从正常蜂群中抽调卵虫脾，加重工蜂产卵群的哺育负担。一天后再诱入产卵王或成熟王台。

2. 蜂群合并

工蜂产卵初期，如果没有产卵蜂王或成熟台，可按常规方法直接合并或间接合并。工蜂产卵较严重，采用常规方法合并往往失败，需采取类似合并的方法处理。即在上午将工蜂产卵群移位 0.5～1.0m，原位放置一个有王弱群，使工蜂产卵群的外勤蜂返回原巢位，投入弱群中。留在原蜂箱中的工蜂，多为卵巢发育的产卵工蜂，晚上将产卵蜂群中的巢脾脱蜂提出，让留在原箱中的工蜂饥饿一夜，促使其卵巢退化，次日仍由它们自行返回原巢位，然后加脾调整。工蜂产卵超过 20d 以上，工蜂产卵发育的雄蜂大量出房，工蜂产卵群应分散合并到其他正常蜂群。

3. 工蜂产卵巢脾的处理

在卵虫脾上灌满蜂蜜、高浓度糖液或用浸泡冷水等方法使脾中的卵虫死亡，然后放到正常蜂群中清理。或用3%的碳酸钠溶液灌脾后，放入摇蜜机中将卵虫摇出，用清水冲洗干净并阴干后使用。对于工蜂产卵的封盖子脾，可将其封盖割开后，用摇蜜机将巢房内的虫蛹摇出，然后放入强群中清理。

（三）迁飞处理

中蜂迁飞是蜂群躲避饥饿、病敌害、人为干扰以及不良环境而另择新居的一种群体迁居行为，也称为逃群。

迁飞前，蜂群处于消极怠工状态，出勤明显减少，停止巢门前的守卫和扇风；蜂王腹部缩小，巢内卵虫数量和贮蜜迅速减少，当巢内封盖子脾基本出房后，相对晴好的天气便开始迁飞。因此，在中蜂饲养管理中，发现巢内卵虫突然减少时，应及时分析原因，采取相应措施。开始迁飞时，工蜂表现兴奋，巢门附近部分工蜂举腹散发臭腺物质；巢内秩序混乱。不久大量蜜蜂倾巢而出，在蜂场上空盘旋结团，然后飞向新巢。迁飞的中蜂往往不经结团，待蜂王出巢后，直接飞往预定目标。迁飞一般发生在10～16时，12～14时是迁飞的高峰时间。

当全场相当数量蜂群处于准备迁飞状态时，某一蜂群的迁飞，往往引发相邻蜂群一同迁飞，甚至影响本没准备迁飞的蜂群也参加到迁飞的行列。多群迁飞的蜜蜂在蜂场上空乱飞，结成1～2个大蜂团。由于不同蜂群的群味不同，不同蜂群间的工蜂互相斗杀，互围它群蜂王，造成严重损失。这种现象养蜂人称其为"乱蜂团"或"集团逃亡"。"乱蜂团"常发生在浙江、福建、湖南、广西壮族自治区等南方各省区。据报道，福建漳州有一个116群蜜蜂的中蜂场，3d内114群中蜂加入"乱蜂团"，因处理不善6d后全场一百多群中蜂覆灭。

在日常蜂群管理中，应保证蜂群饲料充足、蜂脾相称、环境安静、健康无病、无敌害以及避免盗蜂和人为干扰。在易发生迁飞的季节，可在巢门前安装控王巢门，防止发生迁飞时蜂王出巢。控王巢门的高度为4mm，只允许工蜂进出，蜂王只能留在巢内。一旦发现巢内无卵虫和无贮蜜，应立即采取措施，如蜂王剪翅，调入卵虫脾和补足粉蜜饲料等。然后，再寻找原因，对症处理。

此外，因中蜂迁飞性的强弱有一定的遗传性，在常年的中蜂饲养中，应注意观察，选择迁飞性较弱的蜂群作为种用群，培育种用雄蜂和蜂王。

蜂群刚发生迁飞，工蜂涌出蜂箱，但蜂王还未出巢，应立即将巢门关闭，待夜晚开箱检查后，根据蜂群具体问题再作调整、饲喂等处理。蜂群已开始迁飞，应按自然分蜂团的收捕方法进行。为防多群相继迁飞，在发生蜂群迁飞的同时，将相邻蜂群的巢门暂时关闭，并注意箱内的通风。待迁飞蜂群处理后，再开放巢门。迁飞蜂群一般不愿再栖息在原巢原位，收捕回来后，最好能放置在小气候良好的新址；蜂箱应清洗干净，用火烘烤后并换入其他正常蜂群的巢脾，再将迁飞的蜂群放入蜂箱。为防止收捕回来的中蜂再次迁飞，应常做箱外观察，但1周内尽量不开箱检查。在安置时，应保证收捕回来的中蜂巢内有适量的卵虫和充足的贮蜜。

如已发生"乱蜂团"，初期则应关闭参与迁飞的蜂群，向关在巢内的逃群和巢外蜂团喷水，促其安定。准备若干蜂箱，蜂箱中放入蜜脾和幼虫脾。将蜂团中的蜜蜂放入若干个蜂箱中，并在蜂箱中喷洒香水等混合群味，以阻止蜜蜂继续斗杀。在收捕蜂团的过程中，在蜂团下方的地面寻找蜂王或围王的小蜂团，解救被围蜂王，将蜂王装入囚蜂笼，放入巢脾之间，蜂王被接受后再释放。

二、中蜂人工育王

中蜂人工育王的原理及操作技术与意蜂相似。但因中蜂群弱，且无王易引起工蜂产卵，工蜂房中的小幼虫浆少，所以，中蜂人工育王相对比较困难。培育优质中蜂蜂王，在操作中应注意以下几方面的问题。

（一）育王群组织

为防无王群工蜂产卵，中蜂多采用有王群育王。选择老蜂王的强群，用隔板把蜂王限制在留有三个巢脾的一侧产卵区内，在另一侧组成育王区。在育王区内放2张有蜜、粉的成熟封盖子脾和2张幼虫脾。幼虫脾居中，然后将育王框放在2张幼虫脾之间，以使育王框附近形成哺育蜂集中区。移虫24h后，把中间的隔板改用框式隔王板，并把巢门移到产卵区与育王区之间，育王区在移虫前4h组成。

如果育王的数量大，可将处女王的培育过程分始工群和完成群两个步骤进行。始工群无王，并经常补育幼蜂及小幼虫脾，使群内保持强烈的育王要求，以此提高的接受率。育王始工群应在移虫前一天组织，育王框放入始工群一天后取出，放入完成群继续哺育。完成群采用老王强群，用隔王板把蜂王及 2~3 张巢脾隔在箱内一侧，另一侧为育王区。

（二）移虫

人工育王的台基，与意蜂相似，用台基棒蘸熔蜡制成。所不同的是，中蜂具有喜欢新蜡的特性，所以育王用台基最好用新蜡制成；台基直径和高度比意蜂稍小，直径 9~10mm、高 4~6mm。中蜂的群势相对较弱，采用巢脾式育王框，可相对提高巢内密集度。育王框用较旧的巢脾改制，将巢脾下半部的黑老巢房割去，保留上半部茧衣较少的巢房。在育王框的中部和下部镶入两根育王条，上半部贮蜜，下半部育王。

中蜂群势相对较弱，为保证质量，每次育王数量不可太多。育王的数量与育王群的群势有关，每足框蜂的移虫数量为 2~3 只，一般每个育王群每次移虫 10~20 只。

中蜂哺育蜂对蜂王幼虫的饲喂量，是随着虫龄的增大而增加的。因此，在幼虫周围王浆的累积量很少。为了保证新蜂王的质量，则需采用复式移虫的办法。

（三）育王群管理

育王群的管理要点是群强、密集、粉蜜充足、奖励饲喂。若缺乏饲料，将直接影响育王的质量。在育王群的管理中，应尽量减少对蜂群的干扰。

（四）交尾群组织

交尾群在诱台前一天组成。交尾群应保证 0.5~1.0 足框的群势，群内有充足的粉蜜饲料，以及有比例适当的卵虫封盖子。

1. 原群分隔法

因气温低，早春不宜另组小交尾群。在较强蜂群中，利用其保温能力，将蜂箱用闸板分隔。一侧组成交尾群，另一侧仍作为正常的蜂群。如果处女王交尾成功，同箱的交尾群与原群调整后组成双群同箱进行饲养；也可淘汰老王后，交尾群和原群合并，组成新王强群。如果交尾失败，可再诱入第二个王台或处女王，继续交尾；或者合并恢复原群。

2. 自然交替法

中蜂具有更易母女同巢的特点。蜂群增长季节可在正常蜂群诱入王台，形成人为的新老蜂王同巢。新王交尾成功后，对老蜂王可不做任何处理，由其自然淘汰老王。这样的交尾群最大的特点就是在提供处女王交尾的同时，不影响蜂群的正常发展。采用自然交替法的蜂群不能有分蜂热，以防促其分蜂；蜂群也不能过弱，低于2足框的蜂群，诱入王台后，蜂群会未等新王交尾成功就提前淘汰老王。

3. 原群囚王法

为防处女王交尾失败造成蜂群无王，可用囚王笼将老蜂王扣在边脾上，然后再诱入王台作为交尾群。若发现处女王交配未成功，应立即放出原蜂王。

三、中蜂过箱技术

中蜂过箱，就是将生活在原始蜂巢（包括箱、桶、竹笼、洞穴等）中的中蜂，转移到活框蜂箱中饲养的一项技术。中蜂过箱是将中蜂从原始饲养向科学饲养过渡的一种形式，是解决中蜂科学饲养所需蜂种的重要来源。尤其是在蜂种资源丰富，而科学饲养中蜂技术落后的山区，掌握中蜂过箱技术意义重大。中蜂过箱的成败，关键在于过箱条件的选择与控制、过箱操作技术和过箱后的管理。

（一）过箱条件

1. 过箱时期选择

最理想的过箱时期应是外界气候较温暖，蜜粉源较丰富的季节。此时期过箱，不易引起盗蜂，过箱后巢脾与巢框粘接快，有利于蜂群恢复和发展。冬季过箱，应在气温20℃以上的天气进行。阴雨、大风天气蜜蜂比较凶暴，影响过箱操作。夏秋过箱宜在傍晚进行，早春或秋冬可在室内操作，用红光照明，室内烧开水，保持室温25～30℃。

2. 过箱群势标准

过箱群势一般应达3～4足框以上，子脾较大。凡弱群宁可等其强盛后再行过箱。利用幼虫可增加蜜蜂的恋巢性，防止过箱后发生逃群。

（二）过箱准备

1. 蜂箱巢位的调整

中蜂活框饲养，需要经常开箱检查管理。蜂群摆放的位置，应便于管理操作。在过箱操作前，应采用蜂群近距离迁移的方法，将处于不妥当位置的

原始蜂巢移到相应地点。

2. 过箱用具的准备

中蜂过箱要求快速，尽量缩短操作时间，以减少对蜂群的影响。所以，在操作前必须做好各项过箱用具的准备工作。这些用具包括活框蜂箱和上好线的巢框、承放子脾用的平板、插绑巢脾用的薄铁片、吊绑或钩绑巢脾用的硬纸板、夹绑巢脾用的竹片、以及蜂帽面网、蜂刷、收蜂笼、喷烟器、收蜂笼、割蜜刀、起刮刀、钳子、图钉、细铁线、盛蜜容器、埋线棒、水盆、抹布等。蜂箱和巢框最好是用旧的；若是新的，应待木材气味散尽后才能使用。埋线棒可用小竹条制成，长约 15cm，直径应小于巢房，其下端削成"∧"。薄铁片可用罐头壳剪制，每片宽约 10mm、长 30mm。

（三）过箱方法

我国原始饲养中蜂的蜂巢种类很多，有用木板钉成的蜂箱或箍成的蜂桶，有用大树干掏空制成的，有用竹条、荆条编制后再涂上泥巴形成，也有的用土坯砌成；有横卧式，立桶式；有长方形，有圆形。虽然原始蜂巢的材料和形状结构各不相同，但从过箱操作的角度，可将原始蜂巢分为可活动翻转的和固定的两大类。为了提高效率，过箱时最好有 2～3 人协同作业。一人脱蜂、割脾、绑脾，一人收蜂入笼、协助绑脾，以及清理残蜜蜡等。

如果蜂场中已有改良的活框中蜂群，可采取借脾过箱的方法。将其他活框蜂群中的 1～2 张幼虫脾和 1 张粉蜜脾放入箱内，根据蜜蜂群势适当加巢础框。巢脾在箱内排列好后，直接把蜂群抖入蜂箱中。原巢子脾经割脾和绑脾后分散放入其他活框蜂群中修补，使其子脾继续发育。

1. 驱蜂离脾

驱蜂离脾是过箱操作的第一步，就是驱赶蜜蜂离脾，以便于割脾和绑脾。驱蜂离脾的方法，根据原始蜂巢是否可移动翻转，采取不同的方法。

原巢可活动凡是能够翻转的蜂巢，应尽量采用翻转巢箱的过箱方法。将原蜂巢翻转 180°，使巢脾的下端朝上，驱使蜜蜂离脾。翻转时巢脾纵向始终与地面保持垂直，以防巢脾断裂。将蜂巢底部打开，收蜂笼紧放在已翻转朝上的蜂巢底部。在蜂巢下部的固定地方，用木棒有节奏地连续轻击，或者喷以淡烟，驱赶蜜蜂离脾，引导蜜蜂向上集结于收蜂笼中。

原巢固定不能翻转的原始蜂巢，过箱时宜采用此方法。首先揭开原始蜂巢的侧板或侧壁，观察巢脾着生的位置和方向，选择巢脾横向靠外的一侧，作为割脾操作的起点。采用喷淡烟的方法或用木棒轻敲巢箱的上板或侧板，驱赶蜜蜂离开最外侧巢脾，团集蜂巢里侧，然后逐脾喷烟驱蜂，依次割脾，直到巢脾全部取出，蜜蜂团集在另一端为止。

2. 割取巢脾

驱蜂离脾后用利刀将巢脾割下，割脾时应在脾的上方留 2 行巢房。每割 1 张脾，都应用手掌承托取出，避免巢脾折断。割下的子脾平放在清洁的平板上，不能重叠积压。卵虫蛹的巢脾一般均应淘汰。

3. 绑脾上框

子脾是蜂群的后继有生力量，割脾后应尽快绑脾上框，放回蜂群。为了防止在插绑和吊绑时，因子脾上方的贮蜜过重，巢脾下坠使巢脾与巢框上梁不易粘接，在绑脾前应切除子脾上部的贮蜜。穿好铁线的巢框套在子脾上，使脾的上沿切口紧贴巢框上梁。顺着巢框穿线，用小刀划脾，刀口的深度以刚好接近房基为准。

插绑子脾埋线后，用薄铁片嵌入巢脾中的适当位置，再穿入铁线绑牢在巢框上梁（图）。凡经多次育虫的黄褐色巢脾，因其茧衣厚、质地牢固，均适于插绑。

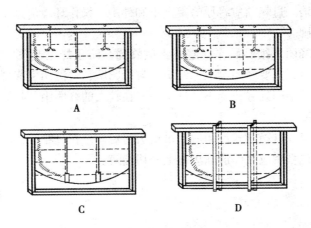

图　过箱绑脾方法
A. 插绑；B. 钩绑；C. 吊绑；D. 夹绑

钩绑是对经插绑和吊绑后脾下方歪斜巢脾的校正方法。用一条细铁线，在一端拴一小块硬纸板，另一端从巢脾的歪出部位穿过，再从另一面轻轻拉正，然后用图钉将铁线固定在巢框的上梁（图中 B）。

吊绑将子脾裁平埋线后，用硬纸板承托在巢脾的下沿，再用图钉、铁线，将脾吊绑在巢框上梁。凡新、软巢脾，均应用此方法（图中 C）。

夹绑把巢脾裁切平整后，使其上下紧顶巢框的上下梁，用竹条从脾面两侧夹紧绑牢（图中D）。凡是大片、整齐、牢固的粉蜜脾或子脾，均可采用夹绑。夹绑所用的竹片，遮盖住巢房较多，影响部分子脾的发育和羽化出房。

绑好的子脾，应随手放入蜂箱内。最大的子脾放入在蜂巢的中间，较小的依次放在两侧，其间保持适当的蜂路。如果群势强大，子脾又少，则应酌加巢础框。巢脾靠蜂箱一侧排放，外侧加隔板。为防过箱后蜜蜂不上脾，而在隔板外空间栖息造脾，应在蜂箱的空位暂用稻草等物填塞。

4. 催蜂上脾

将排列好子脾、盖好副盖和箱盖的活框蜂箱放在原来旧巢位置，箱身垫高200mm，巢门保持原来的方位。将巢门档撬起，在巢门前斜放一块副盖或其他木板，将蜂笼中的蜂团直接抖落在巢门前，使蜜蜂自行爬进蜂箱。也可在子脾放入蜂箱后，将收蜂笼中的蜜蜂直接抖入蜂箱中，然后快速盖好副盖和箱盖。

5. 过箱时应注意的问题

环境清洁。过箱前应将原蜂巢上下和外围，操作环境清理干净，以免操作时污染巢脾。

不弄散蜂团。细心操作，避免弄散蜂团，防止蜂王起飞。万一蜂王起飞，不要惊慌，只要蜂团没散，蜂王会自行归队；若散团引起蜂王起飞，则应在蜜蜂重新结团处寻找蜂王，蜂王一般在较大的蜂团中，找到蜂王应连同蜂团一起收回。

清除蜜蜡。过箱时和过箱后，最怕引起盗蜂。在过箱操作时尽量减少贮蜜的流失，过箱后应立即清除场地上一切蜜蜡。

（四）过箱后管理

1. 调节巢门

过箱后应关小巢门，严防盗蜂。随气温的变化和流蜜情况，调节巢门大小。

2. 奖励饲喂

在外界蜜源不多的条件过箱，应在每日傍晚进行饲喂，促进巢脾与巢框的粘接、工蜂造脾和刺激蜂王产卵。

3. 检查整顿

过箱后0.5~1h察看蜜蜂上脾情况。如果蜜蜂全部上脾，没有纷乱的声音，说明蜂群正常。如果未上脾，需用蜂刷驱赶蜜蜂上脾。

过箱后第 2 天，箱外观察蜜蜂活动情况。如果蜜蜂采集积极，清除蜡屑，拖出死蜂，则表明蜂群正常；如果工蜂乱飞，不正常采集则有可能失王。应立即开箱检查。如果蜂群活动不积极，则应及时查明原因并妥善处理，防止蜂群发生迁飞。

过箱 3 ~ 4d 后，进行全面检查。巢脾粘接牢固，可以去除绑缚物；如果巢脾和巢框粘接不好，则应重新绑缚，同时应注意巢内蜜粉是否充足和脾框距离是否过大。

4. 保温

保温是过箱后中蜂护脾的关键。由于气温低，箱内空旷，过箱后蜜蜂往往集结于箱角。蜜蜂长时间不护脾，造成蜂子冻死。为了避免这种现象发生，除了加快过箱速度，减缓巢脾温度的降低外，过箱后应加强保温。

5. 失王处理

过箱后蜂王丢失，最好诱入产卵王或成熟的自然王台。如果没有产卵蜂王或成熟王台，则可考虑选留一个改造王台，或者与其他有王群合并。

四、野生中蜂的诱引

我国广大山区，野生中蜂资源十分丰富。收捕野生中蜂，并加以改良饲养，能够充分利用丰富的养蜂资源，促进经济欠发达地区养蜂业的发展。野生中蜂的收捕是一项有益于发展农村经济的实用技术。

野生中蜂的诱引的要点，选择野生中蜂分蜂的时期，在适宜蜜蜂营巢的环境地点放置诱引箱桶，让蜂群自动投入。诱引迁飞的野生中蜂在饲养中也往往易迁飞逃走。蜂群投入后，再进行相应的处理和饲养。

（一）诱引地点

选择诱引点的关键是蜜粉源丰富、小气候适宜和目标突出。蜜粉源较丰富是选择诱引点的首要条件。"蜜蜂不落枯竭地"，在没有蜜粉源的地方是不可能诱引到蜜蜂的。小气候环境是蜜蜂安居的基本条件。夏季诱引野生蜂，应选择阴凉通风的场所，冬天应选择避风向阳的地方。在坐北朝南的山腰突岩下，日晒、雨淋不到，而且冬暖夏凉，是最为理想的诱引地点，宜四季放箱诱引。另外，南向或东南向的屋檐前、大树下等也是较好的地点。根据蜜蜂的迁徙规律，诱蜂地点春夏季节设在山下，秋冬季节设在山上。

诱引箱放置的地点必须目标显著，这才容易为侦察蜂所发现，而且蜜蜂飞行路线应畅通。如山中突出的隆坡、独树、巨岩等附近，都是蜜蜂营巢的天然明显目标。

（二）适当时期

诱引野生蜂的最佳时期为分蜂期。分蜂主要发生在流蜜期前或流蜜初期，应根据当地气候和蜜粉源的具体情况确定诱引时间。

在蜜蜂分布密集的地区，还可诱引迁飞的野生蜂。诱引迁飞蜂群，应视具体情况分析当地蜜蜂迁飞的主要原因，把握时机安置诱引蜂箱。

（三）合适的箱桶

诱引野生蜂的箱桶，要求避光、洁净、干燥，没有木材或其他特殊气味。新制的箱桶，因有浓烈的木材气味，影响蜜蜂投居。新的箱桶应经过日晒、雨淋或烟熏，或者用乌桕叶汁、洗米水浸泡，待完全除去异味后，再涂上蜜、蜡，用火烤过方可使用。附有脾痕的箱桶带有蜜、蜡和蜂群的气味，对蜜蜂富有吸引力。特别是那种蜜蜂投居 1~2d 后就过了箱，留着新筑脾芽的箱桶，诱蜂更为理想。

诱引野生蜂最好采用活框蜂箱，这样可以使野生蜂群直接接受新法饲养，减少过箱环节。采用活框蜂箱诱蜂，在箱内先排放 4~5 个穿上铁线，并镶有窄条巢础的巢框。有条件最好事前把巢础交给蜂群进行部分修造。箱内用稻草等填塞隔板外侧空间，以免蜂群进箱后不上脾，而在隔板外的空处营巢。蜂箱巢门留 30mm 宽、10mm 高。为了诱蜂后搬动方便，在放置前，先把巢框和副盖装钉牢固。

诱引箱的摆放，最好依附着岩石，并把箱身垫高些，左右应垒砌石垣保护，箱面要加以覆盖，并压上石头，以防风吹、雨淋及兽类等的侵害。

（四）检查安顿

在诱引野生蜂群过程中，需经常检查。检查次数，应根据季节、路程远近而定。在自然分蜂季节，一般每 3~4d 检查 1 次。久雨天晴，应及时检查；连续阴雨，则不必徒劳。

发现蜂群已经进箱定居，应待傍晚蜜蜂全部归巢后，关闭巢门搬回。凡采用旧式箱、桶的，最好在当天傍晚就借脾过箱。

主要参考文献

［1］刘先署. 蜜蜂良种繁育［M］. 第1版. 北京：中国农业出版社，1984.

［2］杨冠煌. 中蜂科学饲养［M］. 北京：中国农业出版社，1983.

［3］李炳坤. 中蜂饲养技术问答［M］. 福州：福建科学技术出版社，1983.

［4］张复兴. 现代养蜂生产［M］. 第1版. 北京：中国农业大学出版社，1998.

［5］陈盛禄. 中国蜜蜂学［M］. 北京：中国农业出版社，2001.

［6］吴杰. 蜜蜂学［M］. 北京：中国农业出版社，2012.

［7］E L 阿特金斯. 蜂箱与蜜蜂［M］. 北京：中国农业出版社，1981.

［8］曾志将. 蜜蜂生物学［M］. 北京：中国农业出版社，2007.

［9］周冰峰. 蜜蜂饲养管理学［M］. 厦门：厦门大学出版社，2001.

［10］AVITABILE A. For the beginner. Dadant & Sons. The hive and the honey bee［M］. Illionosi：M&W Graphics Inc. 1993.

［11］BROWM R. Beekeeping a seasonal guide［M］. London：B. T. Batsford Ltd. 1985.

［12］THE EDITORIAL STAFF OF GLEANINGS IN BEE CULTURE. Starting right with bees – a beginner's handbook on beekeeping［M］. Medina：The A L Root Company. 1976.

［13］FREE J B. Bees and manking［M］. London：George Allen & Unwin Ltd. 1982.